'聊红'槐研究

张秀省　邱艳昌　曹　兴　黄　勇　著

科学出版社

北　京

内 容 简 介

'聊红'槐是国槐的品种,主要观赏部位是其淡堇紫色的花,在园林中具有广泛的应用前景。本书共分 7 章,介绍了'聊红'槐的选育过程,并对'聊红'槐的物候期、花器官的发育与形态特征、花与果的初级代谢和次级代谢、无性繁殖技术等方面进行了研究,为'聊红'槐的合理保护与开发提供了科学依据。

本书可供植物学、药学等领域和园林、林学等专业的科研人员、大专院校师生和技术人员参考。

图书在版编目(CIP)数据

'聊红'槐研究／张秀省等著.—北京:科学出版社,2015
ISBN 978-7-03-044196-6

Ⅰ.①聊… Ⅱ.①张… Ⅲ. ①槐树–研究 Ⅳ.①S792.26

中国版本图书馆 CIP 数据核字(2015)第 088264 号

责任编辑:张海洋 王 好／责任校对:张小霞
责任印制:徐晓晨／封面设计:北京铭轩堂广告设计有限公司

科学出版社 出版
北京东黄城根北街 16 号
邮政编码:100717
http://www.sciencep.com

北京东华虎彩印刷有限公司 印刷

科学出版社发行 各地新华书店经销
*

2015 年 5 月第 一 版 开本:720×1000 1/16
2015 年 5 月第一次印刷 印张:7 7/8
字数:149 000
定价:**68.00 元**
(如有印装质量问题,我社负责调换)

前　　言

国槐在我国栽培历史悠久。它分布区域广，生长寿命长，适应性强，易栽易活，是重要的绿化、用材、经济树种。国槐树姿优美，枝叶繁茂，抗污染能力强，能净化空气，耐干旱，耐贫瘠，能在轻度盐碱土上正常生长，是绿化、造林的优良树种。北京市2014年百万亩造林工程项目中，国槐应用量在落叶乔木中居首位。国槐木材优良，可供建筑、家具、造船、雕刻等用，是优质的用材树种。国槐的根、茎、叶、花、果等有较高的药用和食用价值，是重要的经济树种。

国槐的许多变种、变型和品种还具有独特的园林应用价值。例如，枝条盘曲如龙的龙爪槐，枝叶金黄的'金枝'国槐，叶形似蝶的五叶槐，花朵淡堇紫色的'聊红'槐等。'聊红'槐是从国槐实生苗中选育的优良无性系群体。'聊红'槐最大的观赏特点是其淡堇紫色的花，区别于普通国槐的黄白色花，是当前乔木树种中极少见的夏季红色系花品种之一，具有较高的观赏价值。与普通国槐相比，'聊红'槐还具有花期长、生长快、抗病耐寒等优点。'聊红'槐的选育成功，丰富了我国观赏树木的种质资源，为城市绿化景观增添了一个新的优良品种。

'聊红'槐于2007年9月获国家林业局颁发的植物新品种权证书，2007年12月获山东省林木品种审定委员会颁发的林木良种证，良种编号：鲁 S-SV-SJ-038-2007。 2008年，'聊红'槐的研究成果获山东省高校优秀科技成果奖一等奖；2009年，获山东省科技进步奖三等奖；2011年，获全国林木良种证，良种编号：国 R-SV-SJ-001-2011；2013年，获第八届中国花卉博览会银奖。'聊红'槐花色为淡堇紫色，属红色系，由于我国人民有把红色视为喜庆吉祥象征的风俗习惯，所以目前园林市场上'聊红'槐工程苗种需求量大，但培育的苗木远远不能满足市场的需要，因此，'聊红'槐市场前景广阔，其发展深受业界重视。

近年来，我一直把'聊红'槐作为研究对象，并培养了曹兴、苗中芹、杨鑫、朱衍杰等几名硕士研究生。曹兴研究了'聊红'槐的无性繁殖技术，包括扦插、嫁接和组织培养；苗中芹研究了'聊红'槐花器官的发育和花中芦丁、槲皮素、花色素苷等类黄酮类物质的积累规律；杨鑫研究了'聊红'槐荚果的发育和荚果中初级代谢产物与次级代谢产物的积累规律；朱衍杰研究了康宁霉素对国槐种子萌发及幼苗生长的影响。我与邱艳昌、黄勇、曹兴、穆红梅等将 4 位硕士研究生的研究成果统为一稿，认真整理、修改、补充，经多次研讨后定稿，本书是国内'聊红'槐研究的第一本学术专著。在编写过程中，参阅了有关专业资料，在此一并致以谢忱。由于作者理论水平和实践经验有限，书中谬误之处在所难免，恳请读者和专家批评指正。

张秀省

2014 年 4 月于聊城

目　　录

第1章 '聊红'槐选育

1.1 国槐的种质资源

1.1.1 国槐的形态特征与生态习性

国槐,别名槐树、中国槐、家槐、守宫槐、细叶槐、槐米树等,为豆科槐属的落叶乔木。国槐高达 25 m,树势雄伟,树干通直,树冠庞大,圆球形。主干树皮暗灰色,有浅纵裂;小枝绿色,皮孔明显,无顶芽,侧芽为柄下芽。奇数羽状复叶互生,长 15~25 cm,叶轴有毛,基部膨大;小叶 7~17 枚,深绿色,全缘,长 2.5~7.5 cm,宽 1.5~5 cm,卵形至卵状披针形,顶端渐尖,有细突尖,基部阔楔形,背面灰白色,疏生短柔毛。圆锥花序顶生于当年生枝,花两性,花萼钟状,有 5 小齿;花冠蝶形,花瓣 5 枚,黄白色,旗瓣阔心形,有短爪;雄蕊 10 枚离生,不等长,花药为背着药型,雌蕊 1 枚。荚果长 2.5~20 cm,肉质,串珠状,成熟后干枯不开裂,挂于树梢,经冬不落。种子 1~6 粒,黑色,肾形或矩圆形。花期 6~8 月,果期 9~10 月(卓丽环和陈龙清,2004)。

国槐原产我国北方,具有 3000 多年的栽培历史。分布广,在我国除黑龙江、海南、吉林北部和新疆北部外均有栽培。国槐是阳性树种,深根性,根系发达,萌芽力强,生长快,耐强修剪,移栽成活率高。国槐适应性强,耐寒,耐旱,耐贫瘠,抗风,能在轻度盐碱土上正常生长。

1.1.2 国槐的应用价值

国槐是集生态、药用、食用、材用、观赏于一体的优良树种。

国槐是环保树种,抗污染能力强,能净化空气。在城市街道及厂矿区栽植国槐,有吸收二氧化硫、氯气、氯化氢等有毒气体和烟尘的作用。国槐分泌的黏液有过滤作用,对苯、醛、酮、醚等致癌物质有一定的吸收能力。此外,槐花释放的罗勒烯、壬醛等气体可杀菌。国槐的根系有根瘤,可以利用游离氮改良土壤(原贵生等，1997）。

国槐是重要的药用植物，槐米、槐豆、叶、树根等均可入药，具有清凉止血、清肝明目等功效。《日华子本草》记载：槐米，治五痔，心痛，眼赤，杀腹藏虫及热，治皮肤风，并肠风泻血，赤白痢。《神农本草经》记载：槐实，气味苦，寒，无毒，久服明目益气，头不败，延年。槐米为国槐的干燥花蕾，其主要药用成分为芦丁（芸香甙），芦丁是一种黄酮类化合物，分子式 $C_{27}H_{30}O_{16}$，具有止血、镇痛等作用，在临床上多用于防治高血压、脑出血等疾病。槐角为国槐的干燥成熟果实，其化学成分包括黄酮、异黄酮、氨基酸、生物碱和磷脂类等物质，异黄酮类化合物对骨质疏松、癌症等疾病有较好的防治效果（王景华等，2002）。

国槐具有重要的食用价值。古人曾用槐豆制酱油、酒，用槐叶做饼，用槐花制茶、糕点等。槐豆中含有丰富的淀粉、脂类和蛋白质，油酸和亚油酸含量尤其丰富。国槐叶营养丰富，蛋白质含量高，叶片鲜嫩，适口性好，是家畜和家禽的优质高能饲料。槐米除含有芦丁外，还含有黄碱素，黄碱素为上等天然色素，被广泛用作食品添加剂（González et al.，1988）。

国槐木材质稍硬，富有弹性，纹理直，边材甚狭、带白色，心材结构较粗、黄褐色，耐水湿，可供建筑、家具、车辆、造船、雕刻等用。

国槐是重要的园林绿化植物。树姿雄伟，枝叶茂密，古朴典雅。春季新叶滴翠、赏心悦目，盛夏繁花似锦、吐露芳香，是适应性很强的景观树种。国槐是园林中广泛种植的行道树和庭荫树，常与其他乔灌木、草本花卉和草坪搭配种植。目前，北京、河南开封、陕西西安、山东济南、辽宁大连等许多城市都把国槐列为主要的绿化树种。除具有一般园林植物调节小气候、保持水土的功能外，国槐的许多变种、变型和品种还具有独特的园林应用价值。如枝条盘曲如龙的龙爪槐，枝叶金黄的'金枝'国槐，叶形似蝶的五叶槐，花朵淡堇紫色的'聊红'槐等。

1.1.3 国槐的主要种质资源

1. 国槐（*Sophora japonica* L.）

豆科槐属，也称家槐。落叶乔木。小枝绿色，皮孔明显，无顶芽，侧芽为柄下芽。奇数羽状复叶互生，小叶 9~15 枚，卵形至卵状披针形。圆锥花序顶生，花冠蝶形，黄白色。荚果念珠状，肉质不开裂。种子 1~6 粒。花期 6~8 月，果期 9~10 月。

2. 龙爪槐 (*Sophora japonica* var. *pendula* Loud.)

别名盘槐、蟠槐、倒栽槐，为国槐的变种。主要观赏特征为：树势较弱，主侧枝差异性不明显，大枝弯曲扭转，小枝屈曲下垂，枝条构成盘状，上部盘曲如龙；树冠呈伞状，姿态优美。

3. 紫花槐 (*Sophora japonica* var. *violacea* Carr.)

别名堇花槐、五色槐，为国槐的变种。主要观赏特征为：奇数羽状复叶，小叶 15~17 枚，叶背有蓝灰色丝状短柔毛；花冠的翼瓣及龙骨瓣紫色，旗瓣白色或先端带有紫红脉纹。花期 7~9 月，较国槐迟。

4. 五叶槐 (*Sophora japonica* f. *oligohylla* Franch.)

别名蝴蝶槐、畸叶槐，是国槐的变型。主要观赏特征为：复叶，小叶 3~5 枚簇生，顶生小叶常 3 裂，侧生小叶下部常有大裂片，叶背有毛；叶形奇特，状如蝴蝶。

5. '聊红' 槐 (*Sophora japonica* 'Liaohong')

'聊红' 槐是国槐的品种。由聊城大学农学院邱艳昌、张秀省、黄勇等选育，于 2007 年获国家林业局颁发的植物新品种权证书。主要观赏特征为：'聊红' 槐花色为淡堇紫色，其中旗瓣边缘浅粉红色，中部黄色，翼瓣与龙骨瓣中下部淡堇紫色。因为 '聊红' 槐发现于聊城，且花色属红色系，所以该品种培育者（本书作者）将其定名为 '聊红' 槐。

6. '双季米' 国槐 (*Sophora japonica* 'Shuangjimi')

'双季米' 国槐是国槐的品种。该品种由山东省选育，已获国家林业局颁发的植物新品种权证书。主要特征如下。奇数羽状复叶，小叶叶片较大，平均每小叶面积 9.6 cm^2，是国槐小叶面积的 2 倍多。'双季米' 国槐生长较国槐迅速，一年生胸径为普通国槐的 2 倍。具有两次抽穗和两次成米的特性，在山东胶东地区每年 5 月下旬开始抽穗，7 月中上旬采米；第二茬于 8 月中上旬开始抽穗，10 月中上旬采米。

7. '平安'槐（*Sophora japonica* 'Pingan'）

'平安'槐是国槐的品种。该品种由山东日照选育，于 2013 年通过了国家林业局和中国林业科学研究院组织的植物新品种专家组审核。主要观赏特征为：直立枝条较少，枝条以平展延伸为主而区别于龙爪槐；树冠较大，呈伞状或蘑菇状。

8. '金枝'国槐（*Sophora japonica* 'Golden Stem'）

'金枝'国槐又称黄金槐，是国槐的品种。主要观赏特征为：发芽早，幼芽及嫩叶淡黄色，5 月上旬转变为黄绿色，9 月后又转变成黄色；每年 11 月至第二年 5 月，其枝干为金黄色。

9. '金叶'国槐（*Sophora japonica* 'Jinye'）

'金叶'国槐是国槐的品种。该品种由河北省林业科学研究院选育。主要观赏特征为：春季萌发的新叶及后期长出的新叶，在生长期的前 4 个月，均为金黄色，远看似金花盛开，十分醒目；生长后期，树冠下部见光少的老叶呈淡绿色；枝条生长到 50~80 cm 时出现较强的下垂特性,落叶后枝条呈半黄半绿，向阳面为黄色，背阴面为绿色。

1.2 国槐的栽培历史及槐文化

1.2.1 国槐的栽培历史

槐树在我国的栽培历史久远，在 3000 年以上。秦汉以后，天下城镇、村落及驿道更广种国槐。至今全国的许多村镇、庙宇、祠寺、馆所、街道、庭院还留有数百年甚至千年以上的老槐树。例如，在江苏宿迁市区，有汉朝初期的楚霸王项羽手植槐，至今虽老干空裂，但枝叶繁茂。山西太原晋祠，生长着三株古槐。一株是东岳祠旁的汉槐，可惜现已枯萎；第二株最为著名，是关帝庙前的隋槐，至今老干新枝，盘根错节，树围需 6 人合抱，浓荫四布，生机勃勃；第三株是水镜台前的唐槐，栽培已有 1000 多年，却是三株槐中最年轻的古槐。山东聊城市内古运河西岸有三株四五百年的国槐,至今生长势较强。在全国各地的古树调查中,均有大量汉槐、唐槐、宋槐等,说明历史上国槐已被广泛栽培应用。

1.2.2 槐文化

在国槐悠久的栽培历史中,我国逐渐形成了独特的槐文化(唐桂梅和姜卫兵,2006)。

1. 槐树在古代是三公宰辅之位的象征

《周礼·秋官》载:"朝士掌建邦外朝之法,左九棘孤卿大夫位焉,群士在其后,右九棘公侯伯子男位焉。群吏在其后。面三槐,三公位焉。州长众庶在其后。左嘉石,平罢民焉。"是说周代宫廷外种有三棵槐树,三公朝天子时,面向三槐而立。后人因以三槐喻三公。三公是指太师、太傅、太保,是周代三种最高官职的合称。由此,槐便与古代官职有了联系,成了官职的代名词。在古代汉语中形成了独具特色的槐官相连的名词。例如,槐鼎,比喻三公或三公之位,亦泛指执政大臣;槐位,指三公之位;槐卿,指三公九卿;槐衮,喻指三公;槐宸,指皇帝的宫殿;槐掖,指宫廷;槐望,指有声誉的公卿;槐绶,指三公的印绶;槐岳,喻指朝廷高官;槐蝉,指高官显贵。槐府,指三公的官署或宅第;槐第,指三公的宅第。

三槐亦为王姓堂号之一。"三槐世家",是指晋代著名书法家王羲之、王献之之后,祖居山东大名府。"三槐"的名称源于北宋初期魏国公王祜。王祜文才武略,风流倜傥,天下望以为相。然因其刚正不阿,难容于时,终不能遂志。他于是在家庭院中植下三棵槐树,并立下誓言:日后吾子孙必有为三公者。后来王祜的儿子王懿敏、孙子王巩果然以贤能而身居高位。王祜植槐树立志,以才德教育后代的家风为当时大文学家苏轼推崇。苏轼为王家作《三槐堂铭》,一时才以物显,人以文传,三槐堂之名声传遍华夏。后来,王姓人家都喜欢过年时在大门上贴上"三槐世家"。

2. 槐树在古代被视为科第吉兆的象征

据史书记载,早在汉代,古都长安就出现了书市雏形。《太平御览》引《三辅黄图》:"元始四年,起明堂、辟雍长安城南,北为会市,但列槐树数百行为队。

诸生望会此市，各持其郡所出货物，及经书传记、笙磬器物，与卖买，雍容揖让，或议论槐下。"因此，在汉代长安又有"槐市"之称，是指读书人聚会、贸易之市，因其地多槐而得名。唐·元稹《学生鼓琴判》言："期青紫于通径，喜趋槐市；鼓丝桐之逸韵，协畅熏风。"又有"学市"之称，北周·庚信《奉和永丰殿下言志》有"绿槐垂学市，长杨映直庐"之诗句。

自唐代开始，科举考试关乎读书士子的功名利禄、荣华富贵，借此阶梯而上，博得三公之位，是他们的最高理想。因此，常以槐指代科考，考试的年头称槐秋，举子赴考称踏槐，考试的月份称槐黄。唐·李淖《秦中岁时记》载："进士下第，当年七月复献新文，求拔解，曰：'槐花黄，举子忙'。"宋·钱易《南部新书》中更有详细的说明："长安举子自六月以后，落第者不出京，谓之过夏。多借静坊庙院及闲宅居住，作新文章，谓之夏课。亦有十人五人醵率酒馔，请题目于知己，朝达谓之私试。七月后设献新课，并于诸州府拔解人，为语曰：'槐花黄，举子忙'。"是说唐代京城长安，落第的举子们六月不出京城而闭门苦读，作新文章，请人出题私试。当槐花泛黄时，就将新作的文章投献给有关官员以求荐拔。后代的诗人多有吟咏。例如，唐·段成己《和杨彦衡见寄之作》有"几年奔走趋槐黄，两脚红尘驿路长"诗句。北宋·黄庭坚《次韵解文将》诗云："槐催举子著花黄，来食邯郸道上梁。"南宋·范成大《送刘唐卿》有"槐黄灯火困豪英，此去书窗得此生"诗句。可见，古代的读书人希望在有槐的环境中生活和学习，心中就自然有槐位——三公之位之想，并以登上槐位作为刻苦求学的目的和动力。于是，槐树就成了莘莘学子心目中的偶像，被视为科第吉兆的象征。这种习俗还影响到历代人们的心理，在民间有初生小儿寄名于槐的习俗。《金陵琐志·炳烛里谈》卷载："牛市旧有槐树，千年物也。嘉道间，小儿初生，辄寄名于树，故乳名槐者居多。"这是父母望子成龙观念的流露。槐象征着三公之位，举仕有望，且"槐"、"魁"相近，企盼子孙后代得魁星神君之佑而登科入仕。

3. 槐树是迁民怀祖的寄托

在民间一直流传着这样的民谣："问我祖先来何处？山西洪桐大槐树，问我老家在哪里？大槐树下老鸹窝。"说的是山西移民的历史。民国《洪洞县志》载："大槐树在城北广济寺左。按《文献通考》，明洪武、永乐年间屡徙山西民于北平、山东、河南等处，树下为集会之所，传闻广济寺设局置员，发给凭照、川资。因历久远，槐树无存，亦发贡于兵燹。"是说元末山西洪洞县城北广济寺旁驿道边有株"树身数围，荫遮数亩"的汉槐。明初鉴于长年战乱，中原荒芜，朝廷多次组织将山西之民移往冀、鲁、豫、皖等地。当时洪洞县人口稠密，地处交通要道，故移民尤多。每次移民多在深秋，官府在广济寺"设局驻员"，凡移民，都要集中在这里登记造册，"发给凭照、川资"，后由这里编队迁送。据说当时明朝官府广贴告示，欺骗百姓说："不愿迁移者，到大槐树下集合，须在三日内赶到。愿迁移者，可在家等待。"人们听到这个消息后，拖家带口、熙熙攘攘，纷纭赶往古槐树下。到第三天，大槐树下聚集了十几万人。突然一大队官兵包围了大槐树下的百姓，一位官员宣布了大明皇帝的敕命，"凡来大槐树之下者，一律迁走"。于是强迫性移民，所以移民们在这里登上了离乡背井的征程，他们拖儿带女，扶老携幼，悲伤哭啼，频频回首，渐行渐远，亲人的面孔逐渐模糊，只能看见大槐树和大槐树上的老鸹窝。因此，大槐树和老鸹窝就成了移民惜别家乡的标志。据考证，洪洞古大槐树移民分布在全国 11 个省市的 227 个县。槐树也就成了移民们怀祖的寄托，所以移民们到达新地建村立庄时，多在村中最显要的地方，如十字路口、丁字路口或村口种植一棵槐树，以此表达对移民活动的纪念和对故土祖先的怀念之情。随着时间的流逝，幼槐成了古槐，古槐就成了故乡、祖先的象征。河北石家庄市区东南部的槐底，就是明初山西移民定居之地，渐成村落。移民为怀念故乡，便以洪洞大槐树为标记，定村名为槐底。甘肃天水城乡广泛流传"祖先从山西大槐树下迁来"之说。所以古槐就被移民的后裔们视为祖先，向古槐祈求吉凶祸福，成为祭拜祖先的变异形式，希望通过祭拜槐树，获得思想上的安慰和精神上的寄托。

4. 槐是吉祥和祥瑞的象征

槐树在周时期就被赋予了象征吉祥的特性。《太公金匮》载："武王问太公曰：'天下神来甚众，恐有试者，何以待之。'太公请树槐于王门内，有益者人，无益者距之。"《春秋纬·说题辞》载："槐木者，虚星之精。"《汉书·五行志》记载："昭帝建始四年，山阴社中大槐树，吏人伐断，其夜复自立如故。"均说明槐树具有神异的色彩。古代人种槐除了取荫之外，就在于讨吉兆，寄期翼。民间俗语"门前一棵槐，不是招宝就是进财"，说明槐树寓意吉祥。

古代人深受"天人感应"思想的影响，槐树的荣枯被视为兴衰灾祥的征兆。《后汉书·五行志》载："灵帝熹五年十月壬午，御所居殿后槐树，皆六七围，自拔倒，树根在上。"诸臣昭曰："槐是三公之象，贵之也。灵帝受位不德进，贪愚是升，清贤斯黜，槐之倒植，岂以斯乎！"是说汉灵帝时，朝内六七围粗的大槐树无故自倒，根竖向上，有人认为槐是三公之象征，现在如此，正和朝廷贤愚不分，黜忠进奸相一致，东汉大概要亡了。果不其然，不久东汉就被灭亡了。

古人还视槐树为瑞槐。元代迺贤记载，曲阜孔林中有"古槐一章，枝干偃蹇，肤理若镌刻篆籀龙凤，细如丝发，虽善画者莫能状其奇巧，……，见者咸加敬爱，因以纪瑞云。"古槐被称为"瑞槐"，作《孔林瑞槐歌》以赞美。古代人还视槐枝连理为吉祥的象征，《南齐书·祥瑞志》载："永明元年五月，木连理。闰月，璇明殿外阁南槐树连理。"

5. 古代地名常因槐树而得名

明《嘉兴县志》载："槐潭在县北三十里，相荡之。北宋高宗南渡时，有汴人王氏为宋承事公，随辇南渡，筑室于此。手植槐于屋侧，寄意三槐之意。故名，迄今数百载。"山东淄博周村有"矮槐亭"，很早以前设有邮亭。明《青州府志》载："邮亭处有古槐十株，高五尺许，相传宋太祖（赵匡胤）未帝时，过此常挂袍于上。"还有槐树庄、槐树沟、槐树坪、槐树湾、槐窝、槐疙瘩、槐树岭、槐树垴、槐树台、槐子峪、槐树胡同、槐树底街、槐树巷、槐花巷、槐花街、槐树街、槐树老街等。还有因植槐树得名的园林名称，如扬州古典园林中有双槐园，休园中有植槐书屋，红叶山庄有槐荫堂，江都县有双槐堂等景点。甘肃天水市北道区马跑泉乡李家湾村有龙槐寺，民国《天水县志》载"龙槐寺，山门上龙槐一株，高不盈尺，苍雕疏，枝可合抱，霜皮斑剥若鳞天娇，大似、龙飞，近千年物也。"

6. 槐树被视作行道树和庭院树广为种植

植槐最早可能起源于我国古代的"社坛立树"，《周礼·地官·大司徒》载："设其社稷之，而树之田主，各以其野之所宜木，遂名其社与其野。"说明树是社的标志。《尚书·逸篇》载："大社唯松，东社唯柏、南社唯梓、西社唯栗，北社唯槐。"可见，槐树已成为区别社坛方位和大小的重要标志。《太公金匮》载："武王问太公曰：'天下神来甚众，恐有试者，何以待之。'太公请树槐于王门内，有益者入，无益者距之。"说明槐树就是社神所凭依之"主"，植槐就是使社神有栖息之处。《周礼·秋官》载周朝宫廷外种有三棵槐树，三公朝天子时，面向三槐而立。这三棵槐就是朝廷所植的社树,同时也说明槐树开始是植于宫廷中,是宫廷之树。《穆天子传》载:"天子遂驱升于舂山,乃纪丌于舂山之石,而树之槐。眉曰:'西王母之山'。"《管子》载:"五沃之土其木宜槐",说明在先秦时期就注重植槐土壤的选择。自汉代开始,行道树种植槐树,京城长安大道两侧尽植槐树,称槐路。长安城有一植槐树数百株的"槐市"。晋·左思在《吴都赋》中说:"驰道如砥,树以青槐,亘以绿化,玄阴耽耽,清流荷荷。"吴都就是今之苏州。东晋南迁南京后,在建新宫时,城南宣阳门至外城朱雀门的街道称御道,长五里,夹道植。南朝梁元帝《长安道》诗云:"雕鞍承赭汗,槐路起红尘。"《晋书·苻坚载记》:"自长安至于诸州,皆夹路树槐柳,……,百姓歌之曰:'长安大街,夹树杨槐。下走朱轮,上有鸾栖。英彦云集,诲我萌黎。'"北魏京城建于洛阳,城中多植槐。《洛阳伽蓝记》载:"永宁寺四门外树以青槐,亘以绿水。京邑行人,多庇其下。"《周书·韦孝宽传》载:"废帝二年,为雍州刺史。先是路侧一里置一土堠,经雨颓毁,每须修之。自孝宽临州,乃勒部内,当堠处植槐树代之,既免修复,行旅又得庇荫。周文(隋文帝)后见,怪问之曰:'岂得一州独尔,当令天下同之。'于是令诸州,夹道一里种一树,十里种三树,百里种五树焉。"唐代长安城大道两侧尽植槐树,排列成行,人称槐衙。当时还出现了槐陌、槐街等名词。槐陌是指两旁植有槐树的街道;槐街是指天街,因其两旁所植槐树成行。《唐书·吴凑传》载:"凑为京兆尹,先是街稀残,有司莳榆其空。凑曰:'榆非人所荫玩。悉易以槐。及槐成,而凑已亡。行人指树怀之。'"可见,古代人对种植、培护街树的人,都十分怀念敬重。今西安市城区还留存有汉唐时期所植的古槐数十棵,成为古城西安的历史见证。明·文震亨《长物志》对植槐记曰:"槐榆宜植门庭,极扉绿映,真如翠幄。"清·陈扶瑶《花镜》对槐树在庭院中种植载:"人多庭前植之。"盘槐"独枝从顶生,皆下垂,盘结蒙密如凉伞,性亦难长,历百年者,高不盈丈,或植厅署前,或植高阜处,甚有古致。"明清时期北京成为统治者的都地,城内广植槐树,以至于现今北京城的大街、胡同、小巷和四合院里留存有许多古槐,如故宫武英殿断虹桥边有著名的"紫禁十八槐"。这些古槐树是北京城悠久历史的象征,成为北京灿烂文化的一部分。

从古代诗词中可见当时植槐之况。例如,唐代郑谷《感怀投时》有"孤吟马迹抛槐陌,远梦渔竿掷笔乡"诗句,称颂槐陌;唐王维《送邱为往唐州》有"槐色阴清昼,杨花惹暮春"诗句,槐色就是指行道两侧种植的槐树;韩愈《和李司勋过连昌宫》有"夹道疏槐出老根,高甍巨桷压后尘"诗句,称颂行道古槐;宋·苏轼《次韵曾子开别驾》有"槐街绿暗雨初匀，瑞雾香风满后尘"诗句，称颂槐街；明·李东阳《庭槐》诗："去年长比人，今岁高过屋。好雨东南来，依稀满庭绿。"可见槐树生长之快。

汉代时就有大量种植槐树的记载，特别是以槐树作行道树，表明古人在汉代就已经掌握槐树的培育技术。北魏·贾思勰《齐民要术》总结了北方地区种植槐树的技术，曰："槐子熟时，多收。擘取。数曝勿令虫生。五月夏至前十余日，以水浸之，如浸麻子法也。六七日，当芽生，好雨种麻时，和麻子撒之。当年之中，即与麻齐。麻熟刈去，独留槐。槐即细长，不能自立，根别树木，以绳拦之。冬天多风雨，绳栏宜以茅裹，不则伤皮，成痕瘢也。明年，斸地令熟，还于槐下种麻，协槐令长。三年正月。移而植之，亭亭条直，千百若一。所谓'蓬生麻中，不扶自直。'若随宜取栽，匪直长迟，树亦曲恶。宜于园中割地种之。若园好，未移之间妨废耕垦也。"

古代人崇槐、敬槐，所以很注重对槐树的保护。《晏子春秋》载："齐景公有所爱槐，令吏守之。令曰：'犯槐者刑，伤槐者死'。有醉而伤槐者，且加刑焉。其女告晏子曰：'妾闻明君不为禽兽伤人民，不为草木伤禽兽，不为野草伤禾苗。今君以树木之故罪妾父，恐邻国渭君爱树而贱人也'。晏子入言之，公令罢守槐之役，废伤槐之法，出犯槐之囚。"可见齐景公爱槐达如此极端的程度。《隋书·高颎传》载："颎每坐朝堂北槐树下以听事。不依行列，有司将伐之，上特命勿去，以示后人其见重如此。"《唐国史补》载："贞元中，度支欲砍取两京道中槐树造车，更栽小树。先符牒渭南县尉张造，造批其牒曰：'近奉文牒，令伐官槐。若欲造车，岂无良木。恭惟此树，其来久远，东西列植，南北成行，辉映秦中，光临关外。不惟用资行者，抑亦曾荫学，徒拔本塞源，虽有一时之利，深根固蒂，须存百代之规。'"由于张造的据理力争，使得官道的槐树免于砍伐，道路两侧的槐树才得以保全。

1.3 '聊红'槐的选育

1.3.1 '聊红'槐选育过程

2001 年夏季，聊城大学邱艳昌副教授在山东省聊城市莘县发现一株 15 年生的国槐，花色为淡堇紫色，且花期较长，与普通国槐不同。这株国槐即为现在的

'聊红'槐的母株。

2002 年 4 月，课题组人员从母株上采集了枝条，以普通国槐为砧木进行了嫁接繁殖。嫁接苗于 2004 年夏季开始开花，此后，每年都观察其花的形态特征和生物学特性。结果表明，已开花的嫁接苗的花色等形态特征与母株保持一致。

随后，课题组成员从形态学、育种学、孢粉学和分子生物学等方面综合研究，证实该国槐新品种通过嫁接繁殖形成的无性系群体，具有特异性、一致性和稳定性的特征。

1. 特异性

①普通国槐的花色为黄白色，'聊红'槐花冠旗瓣为浅粉红色，沿中轴中下部有 2 条黄色斑块，翼瓣与龙骨瓣淡堇紫色，沿中轴中下部呈浅黄绿色；②'聊红'槐花期在 7 月初至 8 月中旬，约 40 天，始花期较国槐原种早约 7 天，末花期比国槐推迟约 7 天，整个花期较国槐长约 14 天；③'聊红'槐花粉粒表面呈显著的棱脊纹饰，而普通国槐的花粉粒表面相对光滑；④限制性片段长度多态性聚合酶链反应（PCR-RFLP）分析表明，'聊红'槐与普通国槐的电泳谱带有明显不同。

2. 一致性

采集'聊红'槐母株上的枝条，用嫁接方法繁殖，开花的植株均表现了母株的花色性状，未见其他花色，具有品种内的高度一致性。

3. 稳定性

树龄大于 4 年的嫁接树，其形态学、孢粉学及分子生物学特征均与母株一致，没有返祖和分化现象。'聊红'槐子一代无性系花色性状与母株相同，说明其观赏特性具有较强的遗传稳定性。

1.3.2 成果鉴定及品种保护

由聊城大学邱艳昌副教授主持的"国槐新品种'聊红'槐选育"课题组，经过多年的研究，选育出了红色系花优异新品种'聊红'槐。研究成果于 2006 年通过山东省科技厅组织的专家鉴定，认为该成果属自主创新的研究成果，已达到国际先进水平。于 2007 年 9 月 7 日获国家林业局颁发的植物新品种权证书。于 2007 年 12 月 11 日获山东省林木品种审定委员会颁发的林木良种证，良种编号：鲁 S-SV-SJ-038-2007。 2008 年，'聊红'槐的研究成果获山东省高校优秀科技成果奖一等奖。2009 年，获山东省科技进步奖三等奖。2011 年，获全国林木良种证，良种编号：国 R-SV-SJ-001-2011。2013 年，获第八届中国花卉博览会银奖。

国槐新品种'聊红'槐形态特征如下。

落叶乔木。树冠圆形，树皮暗灰色，粗糙。小枝绿色，皮孔明显。奇数羽状复叶，深绿色；小叶卵形，9~13 枚，长 2.7~5.4 cm，宽 1.8~2.8 cm，先端渐尖，有细尖头，基部宽楔形，背面灰白色，无毛，小叶柄长约 0.3cm，有短茸毛，叶轴长 10.7~14.5 cm，基部膨大。圆锥花序顶生，长 14~23 cm，宽 13~21 cm，密生多花；花萼钟状，有五小齿；花冠蝶形，长 1.1~1.7 cm，旗瓣边缘浅粉红色，中部黄色，翼瓣与龙骨瓣中下部淡堇紫色；雄蕊 10 枚，雌蕊 1 枚。荚果念珠状，肉质不开裂。种子 2~8 粒，肾形或矩圆形，种皮浅褐色。花期 7 月初至 8 月中旬，始花期较国槐早约 7 天，末花期比国槐推迟约 7 天，花期比国槐长约 14 天。果期 9~10 月（邱延昌等，2008）。

1.3.3 '聊红'槐选育意义

'聊红'槐花淡堇紫色，花期较长，开花繁密，新奇美丽，是当前乔木树种中极少见的夏季红色系品种之一，具有重要的观赏价值和经济意义。'聊红'槐的选育成功，丰富了我国观赏树种的种质资源，为城市绿化景观增添了一个新的优良品种。'聊红'槐具有较大的应用价值。

1. 花朵红艳，喜庆吉祥

普通国槐花色为黄白色，而'聊红'槐花色为淡堇紫色，属红色系。在中国传统文化中，红色象征吉祥、喜庆、鸿运，因此'聊红'槐淡堇紫色的花代表了喜庆。

2. 环保树种，适应性强

'聊红'槐的适应性同于普通国槐，对贫瘠、干旱、低温、盐碱等逆境有较强的抗性。能够吸收空气中的二氧化硫、氯气、硫化氢、苯、醛、醚等有毒物质，其花释放的罗勒烯、壬醛等气体具有杀菌作用。研究表明，'聊红'槐的生长速率略低于速生国槐，抗寒性显著强于速生国槐。

3. 成活率高，前景广阔

目前'聊红'槐的主要繁殖方式是用国槐作砧木嫁接繁殖。国槐作为乡土树种，在我国分布范围广，因此砧木材料较易获得。'聊红'槐嫁接成活率高，较易繁殖。因此，'聊红'槐容易在其适生范围推广种植，具有较大的市场前景。

第2章 '聊红'槐物候期观测

生物在进化过程中由于长期适应四季和昼夜变化的环境条件，形成与之相适应的形态和生理功能有规律变化的习性，称为生物气候学时期，即物候期。树木物候期的观察是研究树木的形态特征和生态习性的重要手段之一。观测资料可反映树木的树液流动、芽膨胀开放、展叶、开花、结果、落叶等现象的规律性和周期性，及其与气候因素的关系。不同树种的物候期不同，即使是同一树种，也由于品种和类型不同、树龄不同或所处的小气候等环境条件的不同，呈现不同的物候期。所以，根据物候观测，掌握树木发展的规律，并应用这些规律，可以更好地确定园林绿地的树种选择和配置，确定园林绿化的各项栽培和管理措施，在生产上具有十分重要的指导意义。作者于2005~2009年对'聊红'槐的物候期进行了观测，以期对'聊红'槐的栽培管理和花期预报提供理论指导。

2.1 生长地概况

'聊红'槐观测地点为聊城大学高新集团产业园'聊红'槐试验林；以同时期国槐作为对照树种，观测地点为聊城大学东校区图书馆西侧槐树林。聊城市处于北纬35°47′~北纬37°02′和东经115°16′~东经116°32′，具有明显的季节变化和季风气候特征，属半湿润大陆性气候。四季分明，干湿季节明显，光照充足，雨热同步，降水时空分布不均。全年光照时间2463~2741 h，日照时数以夏季最多，冬季最少，日平均日照8.4~9.4 h。年平均气温12.8~13.4℃；月平均气温1月最低，7月最高。全年降水量为567.7~637.3 mm。年均相对湿度为56%~68%，以8月最大，为81%~82%；5月最小，为55%~59%。无霜期日数平均197天，最长227天，最短167天；霜冻初日（以地面最低温度0℃作为霜冻指标）在10月24~28日。多南风和偏南风，出现频率为15%~20%；风速年均3.2~3.7 m/s，以春季最大，为4.1~4.6 m/s。苗圃土壤为潮土，呈中性至微碱性，土壤pH为7.5~8.0，管理粗放，水肥条件一般。

2.2 研 究 方 法

试验林内是以国槐为砧木，高位嫁接的'聊红'槐，树龄 10 年以上，共 1800 株。选择健壮、发育正常、无病虫害的植株，具体标准见表 2-1。选择有代表性树木 50 株进行标记做物候期观察，国槐观察区选择与砧木同类型的国槐进行物候观测。

表 2-1 植株生长的基本情况

树高/m	胸径/cm	冠幅/m	主干高/m
4.0~6.0	8.0~12.0	3.3~4.5	2.0~2.5

2.2.1 '聊红'槐物候期观测

每株选取不同方位的芽 5 个，标记挂牌。从冬芽膨大期开始，定树定枝每 7 天观察一次，待新梢停止生长，且表现出梢端枯死现象时，每 2 天观察一次，开花期每天观测一次。物候期观测的内容与方法参考《园林树木学实验指导》（王玲，2007）。物候观测标准如下。

1. 萌芽期

① 芽膨大始期：具鳞芽者，当芽鳞开始分离，侧面显露出浅色的线形或角形时，为芽膨大始期（刺槐等具隐芽者，芽痕呈"八"字形开裂）；② 芽开放期：芽体显著变长，顶部破裂，芽鳞裂开，芽顶部出现新鲜颜色的幼叶或裸芽进一步松散变成幼叶状时，为芽开放期。

2. 展叶期

① 展叶开始期：从芽苞中伸出的卷须或按叶脉褶叠着的小叶，有 1~2 片平展时，为展叶开始期；② 展叶盛期：50%枝条上的小叶完全平展时，为展叶盛期。

3. 抽梢期

指从叶芽抽新梢到封顶形成休眠顶芽所经历的时间。① 春梢开始生长期：选定的主枝一年生延长枝顶部叶芽开放为春梢开始生长期；② 春梢停止生长期：所观察的营养枝形成顶芽或梢端自枯不再生长。

4. 花序形成期

① 花序主轴形成期：观测树上 50%的花序轴形成；② 花序侧轴形成期：观测树上 50%的花序侧轴形成。

5. 蕾期

① 现蕾期：观测树第一个花蕾形成的日期；② 露瓣期：从观测树上 5%的花蕾露红开始到 50%的花蕾露红为止。

6. 开花期

① 开花始期：观测树上第一朵花开放的日期；② 开花初期：单株开花数达 5%的日期；③ 开花盛期：观测树上 50%以上的花开放；④ 开花末期：观测树上剩余 5%的花开放。

7. 果实生长发育和落果期

指自坐果至果实或种子成熟脱落为止。① 幼果出现期：子房开始膨大时，为幼果出现期；② 果实成长期：选定幼果，每周对其纵、横径或体积进行测量，直到采收或成熟脱落为止；③ 果实或种子成熟期：当观测树上有 50%的果实或种子变为成熟色时，为果实或种子的成熟期。④ 脱落期：成熟种子开始散布或连同果实脱落。

8. 秋季变色期

指由于正常季节变化，树木叶片开始变色，直到全部叶片变色的时期。① 秋叶开始变色期：全株有 5%的叶片变色；② 秋叶全部变色期：全株 100%的叶片变色。

9. 落叶期

① 落叶初期：全株有 5%的叶片脱落；② 落叶盛期：全株有 30%~50%的叶

片脱落；③ 落叶末期：全株有 90%~95%的叶片脱落。群体水平以 50%的个体达到相应要求为标准。

2.2.2 荚果形态指标的测定

选择国槐和'聊红'槐含 2 粒种子的成熟荚果，每个处理 50 个。测定荚果的体积、鲜重、干重、含水量及种子的直径。

2.2.3 气候因子对'聊红'槐始花期的影响

2005~2007 年的物候资料由聊城大学邱艳昌观测所得，2008~2009 年的物候资料为苗中芹等观测所得，遵行的观测标准相同。所用的气象资料来自聊城市气象局整编的同期气温、降水及日照逐日资料。用 Excel 2003 和 SPSS 16.0 软件统计并分析数据。在计算相关系数时，把'聊红'槐开花的物候期转化成时间序列，以 1 月 1 日为 1，依次类推，计算物候期对应时间序列与气象因子的相关系数（韩亚东等，2007）。

2.3 '聊红'槐物候节律

国槐和'聊红'槐的物候节律差异见表 2-2。国槐和'聊红'槐春季萌芽期均在 3 月下旬。观察发现这两种槐树的冬芽均为"隐芽"，冬芽小，芽鳞不明显。芽痕呈"八"字形开裂，从冬芽膨大到芽顶部裂开出现新鲜的幼叶需要 4~6 天。国槐和'聊红'槐的展叶期在 3 月底到 4 月中上旬，4 月 10 日左右达到展叶盛期。大约 7 天以后，树体开始萌发春梢，到 5 月底，新梢生长发育完成，枝梢顶端出现干枯斑点。在枝梢顶端停止发育约 15 天后，即在 6 月中旬，新梢顶端皮孔两侧的叶腋处开始萌发花序轴。顶端叶腋处的混合芽发育最快，先形成一簇茎叶，然后再抽出花序轴，而其他叶腋处的芽则直接抽生花序轴，二者进程相似。

国槐和'聊红'槐的花序均为圆锥花序。国槐群体抽花序期为 6 月下旬，'聊红'槐为 6 月中上旬，比国槐早约 4 天。国槐主花序轴抽出约 10 天后开始抽生侧花序轴，侧花序轴上现蕾约需 2 天，现蕾后约 18 天开花。开花始约在 7 月 10 日，最佳观花期为 7 月 12 日至 7 月 22 日，开花末期在 8 月上旬。'聊红'槐主花序轴抽出约 9 天后开始抽生侧花序轴，侧花序轴上现蕾约需 2 天，现蕾后约 17 天开花。开花始期约在 7 月 3 日，最佳观花期为 7 月 10 日至 7 月 26 日，开花末期在 8 月中旬。'聊红'槐群体现蕾比国槐早约 5 天，始花期比国槐早约 7 天，末花期比国槐晚约 7 天，花期比国槐长约 14 天。

国槐与'聊红'槐的结果期从 7 月下旬开始，一直持续到 10 月下旬。7 月下旬，花朵逐渐败落，至 8 月上旬，幼荚开始出现。与国槐相比，'聊红'槐花朵败落时期稍晚，所以出现幼荚的时期较晚。8 月中下旬，荚果进入快速生长期，此时的荚果体积不断膨大。到 9 月中上旬，荚果体积达到最大，不再继续生长，色泽由浅绿色逐渐变成深绿色，此时期为果实成熟期。'聊红'槐的果实成熟期比国槐晚 2~5 天。'聊红'槐成熟荚果的体积、鲜重、干重、含水量和种子直径均小于国槐，但无显著性差异（表 2-3）。到 10 月中下旬，荚果由于失水而变干皱，表面极不光滑。有些荚果开始脱落，'聊红'槐的果实脱落期比国槐早 6~8 天。有些荚果经冬不落，但是果实已经干瘪。

10 月中旬秋叶开始变色，叶色由绿色逐渐变为黄色，'聊红'槐秋叶开始变色期较国槐早约 4 天。到 11 月上旬，全株叶片基本都变成黄色。'聊红'槐秋叶变色时间较国槐早。11 月上旬，'聊红'槐首先进入落叶期，此时叶片逐渐脱落，在 11 月中旬进入落叶盛期，到 11 月下旬，叶片基本完全脱落，树梢光秃。到 12 月中上旬，国槐与'聊红'槐的整个生长发育期结束。

表 2-2　国槐和'聊红'槐的物候观测表（月/日）

观测项目		国槐		'聊红'槐	
		个体	群体	个体	群体
萌芽期	冬芽膨大期	3/20~3/24	3/22~3/25	3/19~3/25	3/19~3/24
	芽开放期	3/26~3/28	3/26~3/30	3/25~3/26	3/25~3/29
展叶期	展叶开始期	3/28~3/30	4/1~4/3	3/27~3/31	4/1~4/4
	展叶盛期	4/1~4/10	4/4~4/13	4/2~4/10	4/5~4/13
新梢生长期	春梢始长期	4/13	4/16	4/15	4/15
	春梢停长期	5/24	5/25	5/23	5/22
花序形成期	花序主轴形成	6/10~6/19	6/12~6/22	6/7~6/15	6/8~6/17
	花序侧轴形成	6/19~6/25	6/22~6/29	6/16~6/22	6/17~6/23

观测项目		国槐		‘聊红’槐	
		个体	群体	个体	群体
蕾 期	现蕾期	6/19	6/22	6/16	6/17
	露瓣期	7/2~7/5	7/7~7/9	7/1~7/8	7/1~7/7
开花期	开花始期	7/9	7/10	7/2	7/3
	开花初期	7/10~7/12	7/12~7/15	7/4~7/8	7/7~7/11
	开花盛期	7/13~7/15	7/14~7/17	7/11~7/14	7/12~7/16
	开花末期	8/5~8/8	8/5~8/10	8/10~8/12	8/12~8/16
	最佳观花期	7/12~7/22		7/10~7/26	
结荚期和落果期	幼果出现期	7/29~8/5	8/1~8/7	7/31~8/7	8/3~8/9
	果实成长期	8/15~8/20	8/18~8/23	8/17~8/22	8/20~8/25
	果实成熟期	9/2~9/10	9/4~9/15	9/6~9/14	9/9~9/17
	脱落期	10/18~10/27	10/22~11/2	10/13~10/20	10/16~10/25
秋季叶变色期	开始变色期	10/15~10/20	10/18~10/23	10/10~10/14	10/14~10/17
	全部变色期	10/22~11/5	10/24~11/8	10/19~11/2	10/21~11/6
落叶期	落叶初期	11/7~11/10	11/12~11/14	11/4~11/8	11/9~11/12
	落叶盛期	11/13~11/16	11/15~11/18	11/10~11/14	11/12~11/16
	落叶末期	11/18~11/23	11/21~11/25	11/15~11/21	11/19~11/22

表 2-3 国槐与‘聊红’槐荚果的形态比较

形态指标	体积/ml	鲜重/g	干重/g	含水量/%	种子直径/mm
国槐	46.78±1.456 Aa	39.74±2.047 Aa	9.86±0.537 Aa	75.19±0.864 Aa	8.76±0.579 Aa
‘聊红’槐	45.50±0.875 Aa	38.12±1.963 Aa	8.37±0.739 Aa	75.42±1.885 Aa	8.57±0.487 Aa

注：标有不同大写字母表示组间差异极显著（$P<0.01$），标有不同小写字母表示组间差异显著（$P<0.05$），标有相同小写字母表示组间差异不显著（$P>0.05$），全书后同。±后数据为标准误差，全书后同。

2.4 ‘聊红’槐始花期与气候因子的相关性

2.4.1 ‘聊红’槐始花期与多个气候因子的相关性

影响物候期的气候条件包括生物因素和环境因素。生物因素与物种自身调节有关，是内在因素；环境因素包括光照、温度、降水、栽培管理措施等，以温度、光照、降水等气候因子对植物物候期的影响最大。不同年份'聊红'槐的始花期见表 2-4，表 2-5 表示始花期与气候因子的相关性。结果表明，气温对始花期的影响极显著，气温高有利于始花期的提前。日照时数和降水量对始花期的影响不显著，日照时数增加，有利于始花期的提前。

表 2-4　不同年份'聊红'槐的始花期

年　份	2005	2006	2007	2008	2009
始花期（月/日）	7/4	7/2	7/7	7/6	7/1

表 2-5　始花期与气候因子的相关性

	始花期	降水量	日照时数	气温
始花期	1	0.033	−0.211	−0.981**
降水量	0.033	1	−0.048	−0.056
日照时数	−0.211	−0.048	1	−0.360
气温	−0.981**	−0.056	−0.360	1

**表示相关性极显著（$P<0.01$），*表示相关性显著（$P<0.05$），不标者表示相关性不显著，全书后同。

2.4.2　'聊红'槐始花期与气温的相关性

'聊红'槐始花期与温度的相关性见表 2-6。'聊红'槐始花期与开花前 5~7 天的平均气温成正相关，气温升高，始花期推迟。始花期与开花前 2 天的平均气温有极显著的负相关性，与开花前 3 天的平均气温有显著的负相关性，前 2~3 天的气温升高有利于始花期的提前。始花期与开花前 2~6 月的每月平均气温的相关性分析表明，始花期与 3 月、4 月的平均气温的相关性不显著，与 5 月的平均气温显著负相关。5 月、6 月的平均气温升高有利于始花期的提前，该时期为'聊红'槐由营养生长向生殖生长的转变阶段。

表 2-6　'聊红'槐始花期与温度的相关性

日平均气温	开花当天	前 2 天	前 3 天	前 5 天	前 7 天
相关系数	0.402	−0.986**	−0.879*	0.665	0.853
月平均气温	2 月	3 月	4 月	5 月	6 月
相关系数	−0.068	0.019	0.020	−0.857*	−0.339

注：正值表示气温升高始花期推迟，负值表示气温升高始花期提前，全书后同。

'聊红'槐始花期与 7 月平均气温的关系如图 2-1 所示。2005~2009 年的 7 月平均气温为 26.2℃，'聊红'槐花始期约在 7 月 4 日。'聊红'槐始花期的气温的正距平均值年份较少，而日期的负距平均值年份较多，说明多数年份在平均开花日期之后开花。

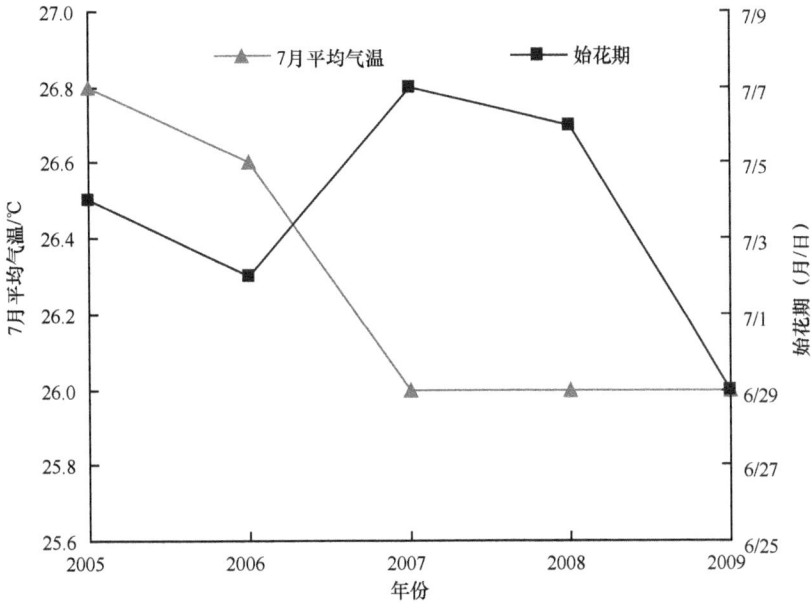

图 2-1 '聊红'槐始花期与 7 月平均气温的关系

有效积温，指对植物生长发育起有效作用的高出的温度值，即植物在整个生育期内的有效温度总和。因为有效积温≥0℃，而 1~2 月的气温基本都在 0℃以下，所以研究有效积温对'聊红'槐始花期的影响从 3 月份开始。'聊红'槐始花期与有效积温的相关性见表 2-7。结果表明，有效积温的增加可以使'聊红'槐提前开花。'聊红'槐始花期与开花前 2 个月（5~6 月）的有效积温的相关性较大，以 5 月的有效积温与始花期的相关性最大。

表 2-7 '聊红'槐始花期与有效积温的相关性

	3 月	4 月	5 月	6 月
相关系数	−0.243	−0.193	−0.652	−0.499

2.5 本 章 小 结

本章分析了'聊红'槐和国槐的物候期。'聊红'槐春季萌芽期在 3 月下旬，展叶期在 3 月底到 4 月中上旬，花期 7 月初至 8 月中旬，最佳观花期为 7 月 10 日至 7 月 26 日。始花期比国槐早约 7 天，末花期比国槐推迟约 7 天，整个花期较国槐长约 14 天。果期从 7 月下旬开始，一直持续到 10 月下旬。与国槐相比，'聊红'槐花朵败落的时期稍晚，所以出现幼荚的时期较晚。'聊红'槐秋叶于 10 月中旬开始变色，11 月上旬进入落叶期。

环境因素中，气温对'聊红'槐始花期的影响最大，临近始花期，气温对始花期的主导作用更明显。作者进行了'聊红'槐温室催花试验，结果表明，冬季高温能够打破'聊红'槐的休眠，使'聊红'槐提早 2 个月开花。日照时数的影响次之，但日照时数最早对始花期产生影响，且持续时间最长。降水量对始花期的影响最弱。气温升高、日照时数增加，始花期提前，而降水量增加，始花期推迟。'聊红'槐始花期与开花前 2 个月的有效积温的相关性较大。利用物候期与气象因子的相关性，进行花期预报，对于确定每年槐米的适宜采收期和'聊红'槐的最佳观赏期具有重要的理论指导作用。

观察结果表明，国槐与'聊红'槐的群体物候在不同的年份表现出一致性，但是个体物候有差异。凡是上年开花较多的植株，下一年的春季相较早。春季相早的个体，花期较晚，甚至不开花，而春季相居中的个体花期较早。上年结荚较早或者提早进入成熟期的植株，下一年结荚期较晚，有的甚至花期没有花朵开放，最后不结荚，出现发育的大小年现象。发育的大小年现象可能与树体营养和环境因素有关。在结荚期，有些荚果被鸟类啃食或者受害虫为害，需要实施合理的管理措施。

第 3 章 '聊红'槐花器官发育与形态特征

'聊红'槐主要观赏部位是花。植物学家在研究植物演化、分类等机制时都对植物的花部特征给予高度的关注。从生物适应的观点来看，有花植物的花序结构、类型、着生位置、花数及花部的表型特征等方面所展示出的复杂多样性，展示着其漫长的进化历程（祖元刚等，2006）。花和花序均由花芽发育而来，花芽分化是被子植物从营养生长进入生殖生长的重要标志。花芽分化可分为生理分化期、形态分化期和性细胞形成期，不同的树种花芽分化的过程及形态指标各异。花粉活力是指花粉粒所具有的萌发能力。通过花粉活力的测定可以了解花粉的育性，并且掌握不育花粉的形态和生理特征，在植物花粉生理、结实机理和杂交育种研究中也是十分重要的。因此，作者对'聊红'槐花的外部形态、花芽分化、花粉活力等进行了研究。

3.1 研 究 方 法

3.1.1 花芽分化观察

试验材料为'聊红'槐的花，要求新鲜、无病虫害、具有代表性。待新梢停止生长时，每隔两天采样一次，每次取样都固定植株的外围四个方位，每个方位取 10 个样本。取样后，立即将材料放入 FAA 固定液中备用。

采用常规石蜡切片法（许鸿川，2003），略加修改。石蜡切片的制备过程为：固定→脱水→透明→浸蜡→包埋→切片→粘片→脱蜡染色→脱水透明→封片保存。用 ERM-3100 半自动石蜡切片机切片，用 OLYMPUS BX51 荧光显微镜观察并拍照。

1. 固定

将采集的新鲜材料浸入 FAA 固定液（50%乙醇 90 ml、5%乙酸 5 ml、40%甲醛 5 ml）中，真空泵缓慢抽气，直至材料沉到瓶底部。贴上标签，写明材料名称、取材日期和固定液名称等。室温保存。

2. 冲洗

将固定好的材料，用 50%乙醇冲洗，冲洗 3 次，每次约隔 30 min，以洗去组织细胞中的固定剂。

3. 脱水

材料逐级经 50%、70%、80%、90%、90%、90%、无水、无水、无水乙醇脱水，每步 30 min。

4. 透明

材料依次经 25%二甲苯+75%乙醇、50%二甲苯+50%乙醇、75%二甲苯+25%乙醇、100%二甲苯、100%二甲苯、100%二甲苯透明，每步 30 min。

5. 浸蜡

将材料置于 50%二甲苯+50%蜡液中，42℃保持 2 h，然后将材料移入 57℃溶解好的纯石蜡中，62℃水浴 12 h。

6. 包埋

将纸盒放在已经加热的温台上，从温箱中取出存放材料的蜡杯，迅速将石蜡液倒入包埋用的纸盒中并同时轻轻地用预热的镊子夹取材料平放于纸盒底部，再用温镊子轻轻拨动材料，使之排列整齐。如果发现蜡中有气泡，可以用烧热的针刺破气泡。材料放置恰当后，用双手握住纸盒两耳，半浸于冷水中，用口吹气的方法，使蜡表面凝结，然后迅速把纸盒全部沉入冷水中冷却。待石蜡完全凝固后，从纸盒中取出蜡块，将样品编号。4℃保存。

7. 修块与切片

按照所需的切面，用单面刀片将小蜡块切成梯形，然后用烧红的蜡铲把蜡块底部牢固的粘接在载蜡器上。检查切片刀的刀刃，调整其倾斜度，调整厚度调节器到所需的切片厚度为 7 μm。

8. 贴片与干片

取一片清洁的载玻片，滴 1 滴粘片剂于玻片中央，涂抹成均匀薄层，然后滴 1 滴蒸馏水于已涂粘片剂的载玻片上。用小镊子夹取预先用刀片割开的蜡带，放在水面上，注意蜡片光亮平整的一面贴于玻片上。把玻片摆好位置，在酒精灯火焰上方适度加热至蜡片舒展。展片后把载玻片放在平盘上编好记号，置于 42℃温箱烘干，24 h 后即可取出存放于切片盒待染。

9. 脱蜡染色与封片保存

载玻片依次经：二甲苯（10 min）→50%二甲苯+50%乙醇（5 min）→无水乙醇（5 min）→95%乙醇（5 min）→80%乙醇（5 min）→70%乙醇（5 min）→番红（1g：70%乙醇 100 ml，20 h）→80%乙醇（30 s）→95%乙醇（30 s）→固绿（0.5g：95%乙醇 100 ml，1 s）→无水乙醇（1 min）→50%二甲苯+50%乙醇（2 min）→二甲苯（10 min）→中性树胶封片→贴标签镜检及保存。染色采用番红-固绿对染法。番红为碱性染料，能使细胞核及木质化的细胞壁染成红色；固绿为酸性染料，能使细胞质及纤维素的细胞壁染成绿色。

3.1.2 花器官形态特征观测

试验材料为国槐和'聊红'槐的花序和花。供试品种开花后，分别摘取 50 个花序和 100 朵小花。用直尺和游标卡尺测量：花序的长、宽；花瓣（旗瓣、翼瓣、龙骨瓣）的长、宽；雌蕊、雄蕊的长度。用肉眼观察各类型花瓣的颜色，统计每个花序着生的小花个数和每朵花中雌蕊、雄蕊的个数。

3.1.3 花粉数量和活力的测定

试验材料为国槐、'聊红'槐、龙爪槐和五叶槐的花药和花粉，材料采集于聊城大学东校区的槐属资源圃。

花粉数量的测定采用纤维素酶法。取完整的花药 20 枚放入 1.5 ml 离心管中，在 25℃下烘干。花药完全爆裂散出花粉后，加入 1%纤维素酶溶液 1.00 ml 处理 24 h，充分振荡，使花粉从花药中完全解离并均匀地分布于溶液中。取 5 µl 溶液滴于凹面的载玻片上，在显微镜下观察统计花粉粒数。重复 3 次。计算公式：

每枚花药的花粉数量（粒）=（载玻片上总花粉粒数×200）/20

用琼脂培养基萌发法测定花粉的活力。培养基含 1%琼脂，附加不同浓度的蔗糖和硼酸。蔗糖溶液的浓度分别为 0.1%、0.2%和 0.3%；硼酸溶液的浓度分别为 0.01%、0.02%和 0.03%。滴 1 滴培养液于盖玻片上，蘸取少许花粉均匀撒播于培养基的表面，让其自然散开，置于 25℃恒温箱中培养 1h，然后用 OLYMPUS 显微镜观察花粉的萌发状况。以花粉管长度超过花粉粒直径作为萌发标准，统计花粉萌发率。花粉萌发率的计算公式：

花粉萌发率=（萌发花粉总数／总花粉粒数）×100%

3.1.4 花粉形态观察

试验材料采自聊城大学绿化区及莘县西马林场栽培的国槐、'聊红'槐、龙爪槐和五叶槐的新鲜花序。取成熟的花药，在 45℃温箱内干燥 48 h，在解剖镜下撕破花药将花粉撒到贴有双面胶的样品台上，在 IB-5 离子溅射仪中镀铂，用日本电子（JEOL）GSM6380LV 型扫描电镜观察，每种花粉测量 40 粒并取平均值，对有代表性的花粉进行拍照。凭证标本存聊城大学生命科学学院。

3.1.5 花粉管生长观察

采集'聊红'槐和国槐的花序，采自聊城大学东校区槐属资源圃。取同一花序的花进行人工授粉，分别选取授粉 0.5 h、10 h、20 h、48 h、64 h 的花蕾和花为试验材料，除去花瓣和雄蕊，把雌蕊保存于 FAA 固定液中 12 h 以上。从 FAA 固定液中取出雌蕊，分别经 50%、30%乙醇冲洗，然后换至蒸馏水中洗净。将洗净后的雌蕊用 6 mol/L NaOH 溶液软化 4 h。软化后用清水反复冲洗，然后放入稀乙酸溶液中中和多余的 NaOH，直至材料洗净后放入含有 0.1 mol K_3PO_4 的 0.1%水溶性苯胺蓝溶液浸泡 14 h。取出材料置于载玻片上进行压片，用 OLYMPUS BX51 荧光显微镜观察花粉的萌发和花粉管的生长，并拍照。

3.2 '聊红'槐的花芽分化

'聊红'槐为圆锥花序,花芽分化包括花序分化和小花分化两个阶段。通过解剖观察,并参照其他豆科植物花芽分化的划分方法,将'聊红'槐的花芽分化划分为以下 9 个分化时期。

3.2.1 花芽未分化期

'聊红'槐一般 3 月下旬到 4 月上旬开始萌芽,直至 5 月上旬均为营养生长阶段,5 月中下旬春梢停长,在新梢顶端出现干枯斑点。此时生长点较狭小,细胞致密、不突出,顶部扁形或微凸。

3.2.2 花芽分化始期

5 月 18 日至 5 月 22 日,在新梢的顶端及侧部叶腋间形成生长点。叶腋间所形成的花原基生长点开始很小,表面 4~5 层细胞染色较深,为细胞分裂中心。随后,生长点突起,继续增厚肥大,顶部成圆球形,为花芽分化的开始期(图版Ⅰa)。

3.2.3 花序分化期

5 月 21 日至 5 月 24 日,从切片中观察到生长点继续膨大、增长,隆起呈半球形,形成几个突起,即为花序原基,以后进一步分化形成小花原基。生长锥下部细胞大而疏松,并可见外围的原形成层。生长点顶部变得不光滑,出现小突起,是花序分化的第一期。主轴及小突起继续伸长,分化出中心花蕾及侧生花蕾原始体,但未分离,为花序分化的第二期。叶腋间所形成的花原基生长点开始很小,然后呈半球形(图版Ⅰb)。

3.2.4 小花原基分化期

5 月 24 日至 5 月 27 日,在花序原基顶部中央及其下部出现突起并逐渐分离,形成多个小突起,即为小花原基。小花原基基部细胞不断分裂,逐渐凸起形成椭圆形,此时'聊红'槐的圆锥花序已现雏形,小花原基以后逐渐分化形成花蕾(图版Ⅰc）。

3.2.5 萼片分化期

5月28日至5月30日，小花原基顶端生长点进一步增大、变宽，并从边缘分化出花萼原基。紧贴花中央部分的外侧，即花萼原基，在纵切面上仅见两个花萼原基突起，每一个突起进一步发育成一个萼片。随后基部逐渐增高形成杯状，花萼上部向内合抱，逐渐遮盖花的中央部分（图版Ⅰd）。

3.2.6 花瓣分化期

5月30日至6月3日，在萼片原基的内侧出现的小突起为花瓣原基，此为花瓣分化期。当花萼原基向心弯曲，伸长至两萼片相交形成较高的半圆形时，在花萼原基内侧的近轴端，先出现了发育较快的3个凸起，其中位于中间且正对中央的凸起是旗瓣原基，两侧的为雄蕊原基。紧接着形成与花萼互生的4个半圆柱状的突起，即翼瓣原基和龙骨瓣原基（图版Ⅰe）。

3.2.7 雄蕊形成期

6月1日至6月5日，在花瓣原基的内侧迅速分化出许多突起，即雄蕊原基，此为雄蕊原基分化期。雄蕊原基的分化由外向内进行，进一步形成花丝和花药（图版Ⅰf）。

3.2.8 雌蕊形成期

6月4日至6月8日，在雄蕊原基的内侧中部出现突起，为雌蕊分化期。花原基顶部中央表皮下的细胞发生分裂，形成突起，即为心皮原基，心皮原基向上延伸，最后合拢形成雌蕊。雌蕊原基进一步发育形成子房、花柱和柱头。至此，花芽形态分化基本结束，开始进入性细胞分化阶段（图版Ⅰg）。

3.2.9 胚珠出现期

6月25日至6月30日，在子房壁腹线的胎座处产生突起，出现胚珠（图版Ⅰh）。

3.3 '聊红'槐花器官的形态特征

国槐与'聊红'槐均为圆锥花序。圆锥花序是一种无限生长的花序,即花轴顶端可保持生长一段时间,陆续形成花序。花序基部的花先开,花顺着花序轴依次向上开放。由表 3-1 可知,'聊红'槐的总花序长为 21 cm,每个总花序上的侧花序轴数为 23 个,每个侧花序轴长 11 cm,每个侧花序轴上的小花序数为 10 个,每个小花序上的小花数为 16 朵;国槐的总花序长为 20 cm,每个总花序上的侧花序轴数为 22 个,每个侧花序轴长 12 cm,每个侧花序轴上的小花序数为 10 个,每个小花序上的小花数为 13 朵。'聊红'槐与国槐花序形态差异不显著。结果表明,'聊红'槐的总花序轴比国槐的长,小花序数和小花数比国槐的多,花较国槐繁密。

'聊红'槐与国槐的花均为蝶形花冠,花瓣 5 片,离生,成下降覆瓦状的两侧对称排列,最上一片花瓣称旗瓣,位于花的最外方。由表 3-2 可知,'聊红'槐的旗瓣长 1.2 cm,比国槐的长 0.1 cm;宽 1.0 cm,与国槐的基本相等。侧面的两片花瓣较小,称翼瓣。'聊红'槐的翼瓣长 0.9 cm,与国槐的基本相等;宽 0.4 cm,比国槐的长 0.1 cm。最下面两片花瓣合生,弯曲成龙骨状,称为龙骨瓣,位于花的最内方。'聊红'槐的龙骨瓣长 0.9 cm,宽 0.6 cm,与国槐的基本相等。'聊红'槐的旗瓣、翼瓣和龙骨瓣的大小与对应的国槐花瓣的大小均无显著差异。'聊红'槐的雌蕊长 0.7 cm,雄蕊长 0.9~1.2 cm,与国槐的基本相等。

'聊红'槐与国槐的花瓣颜色差异较明显。国槐的各花瓣颜色相近,呈黄白色。'聊红'槐的旗瓣浅粉红色,中部黄色,翼瓣和龙骨瓣中下部淡堇紫色。

表 3-1　'聊红'槐与国槐的花序比较

观测项目	树种	取样量	平均值
圆锥花序长/cm	'聊红'槐	50	21±1.0230 Aa
	国槐	50	20±1.2010 Aa
侧花序轴数/个	'聊红'槐	50	23±0.2113 Aa
	国槐	50	22±0.2112 Aa

观测项目	树种	取样量	平均值
每个侧花序轴长/cm	'聊红'槐	50	11±0.3130 Aa
	国槐	50	12±0.3126 Aa
每个侧花序轴上的小花序轴数/个	'聊红'槐	50	10±1.6218 Aa
	国槐	50	10±1.5620 Aa
每个小花序轴上的花数/朵	'聊红'槐	50	16±1.9327 Aa
	国槐	50	13±2.0167 Aa

表 3-2 '聊红'槐与国槐的花器官比较

观测项目	树种	取样量	平均值/cm	颜色
旗瓣长；宽	'聊红'槐	100	1.2±0.0766 Aa；1.0±0.0483 Aa	浅粉红色 中部黄色
	国槐	100	1.1±0.0815 Aa；1.0±0.0536 Aa	黄白
翼瓣长；宽	'聊红'槐	100	0.9±0.0911 Aa；0.4±0.0894 Aa	中下部淡堇紫色
	国槐	100	0.9±0.1125 Aa；0.3±0.0972 Aa	黄白
龙骨瓣长；宽	'聊红'槐	100	0.9±0.1126 Aa；0.6±0.0234 Aa	中下部淡堇紫色
	国槐	100	0.9±0.0241 Aa；0.6±0.0314 Aa	黄白
雄蕊长	'聊红'槐	100	1.1±0.0723Aa（0.9~1.2）	淡黄色
	国槐	100	1.1±0.0759Aa（0.9~1.2）	淡黄色
雌蕊长	'聊红'槐	100	0.7±0.0105 Aa	淡黄色
	国槐	100	0.7±0.0105 Aa	淡黄色

3.4 '聊红'槐花粉特性

3.4.1 '聊红'槐花粉数量

图 3-1 显示了 4 种槐树每个花药的花粉数量。国槐、'聊红'槐、龙爪槐、五叶槐的花粉数量分别为 41 750 粒、29 840 粒、40 661 粒、37 343 粒。国槐的花粉数量最多，其次为龙爪槐，二者差异不显著。'聊红'槐的花粉数量最少，与其他 3 种槐树差异极显著。

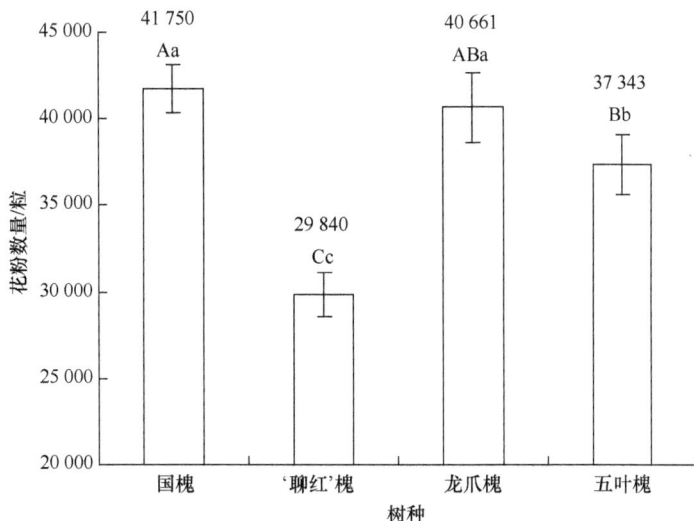

图 3-1 4 种槐树每个花药的花粉数量

标有不同大写字母表示组间差异极显著（$P<0.01$），标有不同小写字母表示组间差异显著（$P<0.05$），标有相同小写字母表示组间差异不显著（$P>0.05$），全书后同

3.4.2 '聊红'槐花粉活力

蔗糖和硼酸是影响花粉萌发的重要因素，表 3-3 为 4 种槐树花粉在含有不同质量浓度的蔗糖和硼酸的培养基上的萌发情况。结果表明，4 种槐树的花粉粒均在 0.2%蔗糖+0.02%硼酸的培养基中萌发率最高，与其他培养基相比，差异极显著。4 种槐树的花粉在最优培养基中的萌发率如图 3-2 所示。国槐和'聊红'槐的花粉萌发率分别为 43.3%和 39.5%，差异不显著。五叶槐的花粉萌发率为 30.8%，极显著地低于国槐和'聊红'槐。龙爪槐的花粉萌发率最低，为 22.1%，与其他树种相比，差异极显著。

3.4.3 '聊红'槐花粉形态

利用扫描电镜观察国槐、'聊红'槐、龙爪槐和五叶槐的花粉形态，描述了其花粉形态特征。

国槐花粉粒为长球形，极轴×赤道轴为 21.0 μm（20.7~21.3 μm）×10.7 μm（10.6~10.8 μm），具 3 条萌发沟，沟长达两极，极面观为三裂圆形。花粉外壁具不规则的稀疏的穴状纹饰（图版 II a$_1$，图版 II a$_2$）。

'聊红'槐花粉粒为长球形或矩圆形,极轴×赤道轴为 20.5 μm(19.7~21.3 μm)× 10.8 μm(10.0~11.6 μm),具 3 条萌发沟,沟窄且长达两极,极面观为三裂圆形。

表 3-3　4 种槐树的花粉在不同培养基中的萌发率

硼酸浓度/%	蔗糖浓度/%	花粉萌发率/%			
		国槐	'聊红'槐	龙爪槐	五叶槐
0.01	0.1	23.5±0.9626 Gg	19.2±1.5513 Gg	12.7±0.8831 Gh	17.5±1.4967 Ef
	0.2	30.8±0.9646 Dd	28.9±1.8239 Dd	15.9±1.1576 DEde	23.2±1.3638 Cc
	0.3	27.5±0.6683 EFf	26.5±2.0607 Ee	14.3±1.1225 Fg	18.6±1.0033 Ee
0.02	0.1	38.4±0.5099 Bb	35.7±0.9092 Bb	19.8±1.4720 Bb	22.3±1.2193 Dc
	0.2	43.3±0.9092 Aa	39.5±1.5253 Aa	22.1±1.9026 Aa	30.8±1.3736 Aa
	0.3	35.6±1.1518 Cc	31.4±1.3736 Cc	17.3±1.1225 Cc	25.4±0.9626 Bb
0.03	0.1	26.7±0.8287 Ef	23.4±0.8524 Ff	14.7±1.3589 EFfg	21.2±1.5769 Dd
	0.2	35.9±1.0424 Dd	28.1±1.4514 Dd	16.8±1.0985 CDcd	24.8±2.1649 Bb
	0.3	28.9±0.8641 Ee	25.8±1.4967 Ee	15.3±1.3736 EFef	22.4±1.7205 Dc

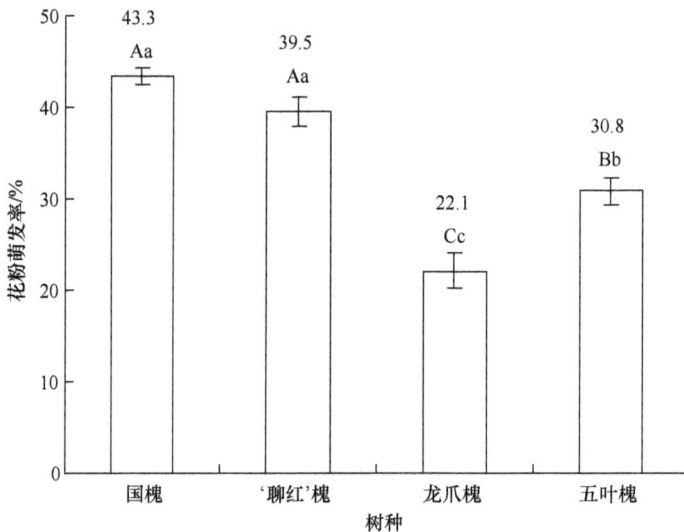

图 3-2　4 种槐树的花粉在最优培养基中的萌发率

花粉外壁具不规则的网状雕纹,网眼的大小不一,形状不规则(图版Ⅱ b₁,图版 Ⅱ b₂)。

龙爪槐花粉粒为长球形,极轴×赤道轴为 21.5 μm(21.3~21.6 μm)×10.2 μm(10.0~10.3 μm),具 3 条萌发沟,沟窄且长达两极,极面观为三裂圆形。花粉外壁具较密集和均匀的穴状纹饰(图版Ⅱc$_1$,图版Ⅱc$_2$)。

五叶槐花粉粒为长球形或矩圆形,极轴×赤道轴为 20.8μm(20.3~21.3 μm)×11.5 μm(11.3~11.6 μm),具 3 条萌发沟,沟长达两极,沟的中部较宽,极面观为三裂圆形。花粉外壁具较密集的穴状纹饰(图版Ⅱd$_1$,图版Ⅱd$_2$)。

通过比较研究表明花粉具有种内一致性,均为长球形,具 3 条萌发沟。花粉大小和表面纹饰的形态结构特征表现出种、变种、变型和品种之间存在差异,可以作为分类依据(赵燕等,2007)。

3.4.4 '聊红'槐花粉萌发和花粉管生长

对国槐和'聊红'槐的花粉萌发和花粉管生长进行了荧光显微观察。授粉后30 min,'聊红'槐和国槐雌蕊的柱头有荧光出现(图版Ⅲ,a$_1$;图版Ⅲ,b$_1$);授粉后 10 h,'聊红'槐的花粉管到达柱头基部(图版Ⅲ,b$_2$),国槐的花粉管到达花柱中部(图版Ⅲ,a$_2$);授粉后 20 h,'聊红'槐的花粉管伸长至花柱中部(图版Ⅲ,b$_3$),花粉管之间有扭曲缠绕现象。国槐的花粉管则伸长至花柱下部(图版Ⅲ,a$_3$);国槐的花粉管在授粉后48h进入子房(图版Ⅲ,a$_4$),而'聊红'槐的花粉管在授粉后 64 h 才进入子房(图版Ⅲ,b$_4$)。结果表明,'聊红'槐花粉管的生长比国槐慢。

荧光显微观察结果显示,自然条件下国槐与'聊红'槐的花粉萌发率分别为37.1%和33.7%,国槐的花粉萌发率略高于'聊红'槐,但是都略低于最优培养基中的花粉萌发率。

3.5 本章小结

本章研究了'聊红'槐的花芽分化过程,比较了'聊红'槐与国槐的花器官形态,观察了'聊红'槐花粉的形态和花粉管的生长。

将'聊红'槐的花发育划分为以下 9 个分化时期:花芽未分化期、花芽分化始期、花序分化期、小花原基分化期、萼片分化期、花瓣分化期、雄蕊形成期、雌蕊形成期和胚珠出现期。花芽分化是有花植物发育中最为关键的阶段,同时也是一个复杂的形态建成过程。'聊红'槐的花序为圆锥花序，花芽分化包括花序分化和小花分化两个阶段。研究表明，在聊城地区，花芽分化时期为当年 5 月底至 6 月初，从花芽开始分化到雌、雄蕊形成，只需约 25 天，具有分化时间短、速度快的特点。新梢顶端的每个叶腋处形成一个花序，需要消耗树体大量的养分，此阶段如果管理粗放，可能会造成树体营养亏缺而导致来年开花较少或者不开，即开花的大小年现象。'聊红'槐花序的分化是由内向外，单朵花的分化顺序则是由外向内，分化顺序和方式与大部分植物的分化模式相一致（王福青和王铭伦，2000；陈旭辉等，2006；李鹤等，2008；李智辉等，2008）。研究'聊红'槐的花芽分化，为'聊红'槐的胚胎学和形态学研究奠定了基础，丰富了槐属植物的形态解剖学研究。

比较了'聊红'槐和国槐的花器官形态特征。与国槐相比，'聊红'槐的总花序体积较大，花较繁密，总花序轴较长，小花数较多。'聊红'槐的旗瓣、翼瓣和龙骨瓣的大小与对应的国槐花瓣的大小无显著差异。'聊红'槐和国槐的雌蕊、雄蕊特征基本相同。'聊红'槐与国槐的花瓣颜色差异较明显，'聊红'槐的旗瓣浅粉红色，中部黄色，翼瓣和龙骨瓣中下部淡堇紫色，而国槐的各花瓣颜色相近，呈黄白色。

国槐、'聊红'槐、龙爪槐和五叶槐的单个花药的花粉数量有显著差异。国槐的花粉数量最多，为 41 750 粒，其次为龙爪槐 40 661 粒，五叶槐 37 343 粒，'聊红'槐的花粉数量最少，为 29 840 粒。国槐和'聊红'槐的花粉数量差异极显著，这可能取决于树种自身的遗传特性。'聊红'槐的花粉数量少可能是荚果高败育率的原因之一。花粉活力影响花粉的萌发，花粉萌发率直接影响结果率，对植物的生殖生长有着十分重要的作用。利用培养基萌发试验法测定了 4 种槐树的花粉萌发率，最佳培养基为 1%琼脂+0.2%蔗糖+0.02%硼酸。4 种槐树的花粉在最优培养基上的萌发率有显著差异，其中国槐为 43.3%，'聊红'槐为 39.5%，龙爪槐为22.1%，五叶槐为 30.8%。

利用荧光显微镜观察了花粉的形态和花粉管的生长。国槐、'聊红'槐、龙爪槐和五叶槐的花粉形态具有种内一致性，均为长球形，具 3 条萌发沟。花粉大小和表面纹饰的形态结构特征表现出种、变种、变型和品种之间存在差异，可以作为分类依据。观察发现'聊红'槐花粉萌发力比国槐弱，花粉管伸长速率比国槐小。'聊红'槐的花粉管在伸长过程中分叉变细，扭曲缠绕，但是大部分花粉能够正常的萌发，穿过花柱，最后进入子房，到达胚珠，这与李守丽等（2006）对百合属植物的研究结果相似。

第4章 '聊红'槐花与果的初级代谢

国槐具有重要的药用和食用价值。国槐的干燥花蕾称槐米，是我国的传统中药之一，其有效成分有鞣质、氨基酸、黄酮、烯酸、挥发油等。槐米还含有黄碱素，黄碱素为上等天然色素，被广泛用作食品添加剂。槐花被用来制作茶、糕点等供人们食用。国槐果实中含有丰富的糖类、脂类和蛋白质，油酸和亚油酸含量尤其丰富。国槐的干燥成熟果实称槐角，槐角中的异黄酮类化合物对骨质疏松、癌症等疾病有较好的防治效果。本章主要分析了国槐和'聊红'槐花蕾和荚果内糖类、脂肪、蛋白质等初级代谢产物的含量，为开发'聊红'槐的药用和食用价值奠定基础。

4.1 研究方法

4.1.1 试验材料

6月中下旬采集国槐和'聊红'槐带花蕾的枝条，放入硝普钠溶液中水培72 h，以清水处理为对照。硝普钠溶液的浓度分别为 100 μmol/L、200 μmol/L、300 μmol/L、400 μmol/L、500 μmol/L。

采集国槐和'聊红'槐不同发育期的果实，分为6个时期：嫩荚Ⅰ期、嫩荚Ⅱ期、快速生长Ⅰ期、快速生长Ⅱ期、鼓粒期和成熟期。以花蕾作为对照。

测定指标：可溶性糖、淀粉、多糖、可溶性蛋白、粗脂肪含量和过氧化物酶、酯酶活性。测定方法参照《植物生理生化实验原理和技术》（李合生等，2000），略修改。

4.1.2 可溶性糖、淀粉和多糖含量的测定

1. 可溶性糖含量的测定

1）标准溶液的配制

称取已在80℃烘箱中烘干至恒重的葡萄糖 100.0 mg，用蒸馏水溶解并定容至 1000 ml，摇匀，得到 100 μg/ml 葡萄糖标准溶液。

2）标准曲线的绘制

取 6 支试管，然后按顺序加入蒸馏水和葡萄糖标准溶液，加入蒸馏水的体积分别为 1.00 ml、0.80 ml、0.60 ml、0.40 ml、0.20 ml、0.00 ml；加入的葡萄糖标准溶液体积分别为 0.00 ml、0.20 ml、0.40 ml、0.60 ml、0.80 ml、1.00 ml。摇匀后按顺序加入蒽酮乙酸乙酯溶液（1 g 蒽酮溶解于 50 ml 乙酸乙酯溶液中）0.50 ml，摇匀，再加入 5.00 ml 浓硫酸，充分振荡后立即将试管放入沸水浴中，逐管准确保温 1 min，自然冷却至室温。以空白做对照，在 620 nm 波长下测定吸光度，以葡萄糖浓度（x）为横坐标，吸光度值（y）为纵坐标，绘制标准曲线，建立回归方程：$y = 0.0108x - 0.0208$（R^2=0.9962），具有良好的线性关系（图 4-1）。

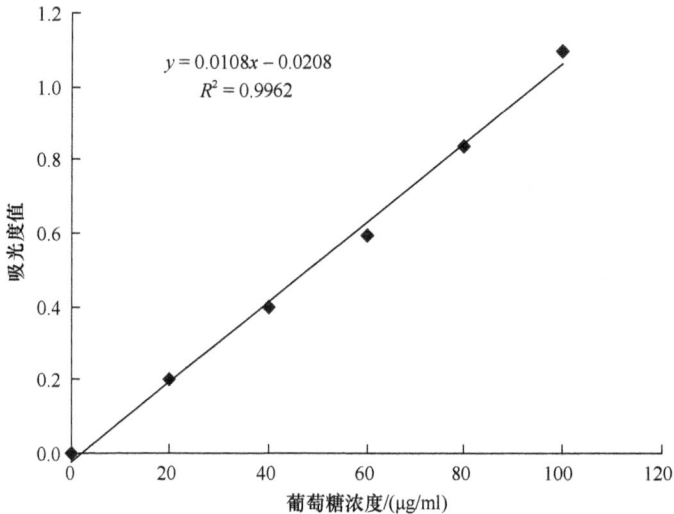

图 4-1　葡萄糖的标准曲线

3）样品的提取

将新鲜样品用剪刀剪碎，称取 3 份，每份 0.500 g，分别放入 3 支试管中。加入蒸馏水 8.00 ml，用锡箔纸封口，在沸水浴中提取 30 min，提取 2 次，提取液过滤入 25 ml 容量瓶中，反复冲洗试管及残渣，定容至刻度。

4）样品含量的测定

依次吸取 0.90 ml 蒸馏水和 0.10 ml 样品溶液移入试管中，按顺序加入蒽酮乙酸乙酯溶液和浓硫酸（方法同标准曲线的步骤），显色并测定吸光度。计算公式：

$$可溶性糖含量 =[C\times(V/a)\times n]/(W\times10^{6})\times100\%$$

式中，C 为标准方程求得的糖的含量（μg）；a 为吸取样品液体积（ml）；V 为提取液量（ml）；n 为稀释倍数；W 为样品重（g）。

2. 淀粉含量的测定

1）标准溶液的配制

称取 100.0 mg 纯淀粉，放入 100 ml 容量瓶中，加入 60 ml 蒸馏水，放入沸水浴中煮沸 0.5 h，冷却后加蒸馏水定容，摇匀。吸取 5.00 ml 溶液，移入 50 ml 容量瓶中，加蒸馏水定容，摇匀，即为 100 μg/ml 的淀粉标准溶液。

2）标准曲线的制作

取 6 支试管，然后按顺序加入蒸馏水和淀粉标准溶液。加入的蒸馏水分别为 2.00 ml、1.60 ml、1.20 ml、0.80 ml、0.40 ml、0.00 ml；加入的淀粉标准溶液体积分别为 0.00 ml、0.40 ml、0.80 ml、1.20 ml、1.60 ml、2.00 ml。然后按照可溶性糖标准曲线的制作方法进行测定。以淀粉浓度（x）为横坐标，吸光度值（y）为纵坐标，绘制标准曲线，建立回归方程：$y=0.0051x-0.0315$，$R^2=0.9938$，具有良好的线性关系（图 4-2）。

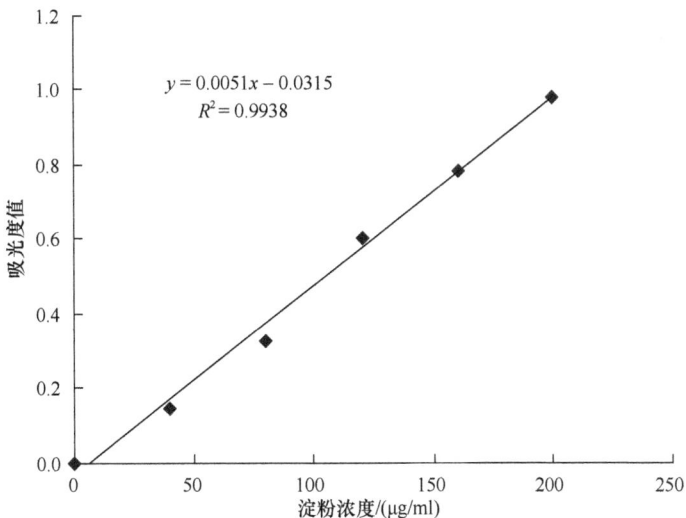

图 4-2　淀粉的标准曲线

3）样品的提取

将提取可溶性糖以后的残渣移入 50 ml 容量瓶中，加入 20 ml 热蒸馏水，放入沸水浴中煮沸 15 min，再加入 9.2 mol/L 高氯酸 2.00 ml 提取 15 min，冷却后混匀，用滤纸过滤，并用蒸馏水定容。

4）样品含量的测定

同可溶性糖含量的测定方法。计算公式：

$$淀粉含量 =[C \times (V/a)] \times 0.9/(W \times 10^6) \times 100\%$$

式中，C 为标准方程求得的淀粉的含量（μg）；a 为显色时取液量（ml）；V 为提取液总量（ml）；W 为样品重（g）。

3. 多糖含量的测定

试验材料经过完全烘干，并且粉碎，过 60 目筛，标记后分别保存于干燥皿中。称取样品粉末 0.250 g，置于试管中，用 80%乙醇超声提取两次，每次提取时间为 50 min，弃去提取液。再用 80%乙醇多次洗涤样品，洗涤后的样品再用 80%乙醇超声提取 60 min，除去单糖和一些苷类物质，弃去提取液。样品晾干后用蒸馏水超声提取两次，每次 50 min，过滤，合并各次滤液，定容到 100 ml 容量瓶中，即得多糖提取液。多糖含量的测定方法如下。

1）标准溶液的配制

称取 100.0 mg 干燥至恒重的葡萄糖，用蒸馏水溶解并定容至 1000 ml，摇匀，得 100 μg/ml 的葡萄糖标准溶液。

2）标准曲线的制备

吸取葡萄糖标准溶液 0.00 ml、0.20 ml、0.40 ml、0.60 ml、0.80 ml、1.00 ml，置于干燥的试管中，分别加蒸馏水 1.00 ml、0.80 ml、0.60 ml、0.40 ml、0.20 ml、0.00 ml，再分别加入 5%苯酚溶液 1.00 ml，摇匀，然后从管正面缓慢加入浓硫酸 5.00 ml，摇匀，室温下放置 25 min，在 490 nm 波长处测吸光度。以葡萄糖浓度（x）为横坐标，吸光度值（y）为纵坐标，绘制标准曲线，建立回归方程式：$y=0.0098x-0.0077$（$R^2=0.9982$），具有良好的线性关系（图 4-3）。

$$y = 0.0098x - 0.0077$$
$$R^2 = 0.9982$$

（图中纵轴：吸光度值；横轴：葡萄糖浓度/(μg/ml)）

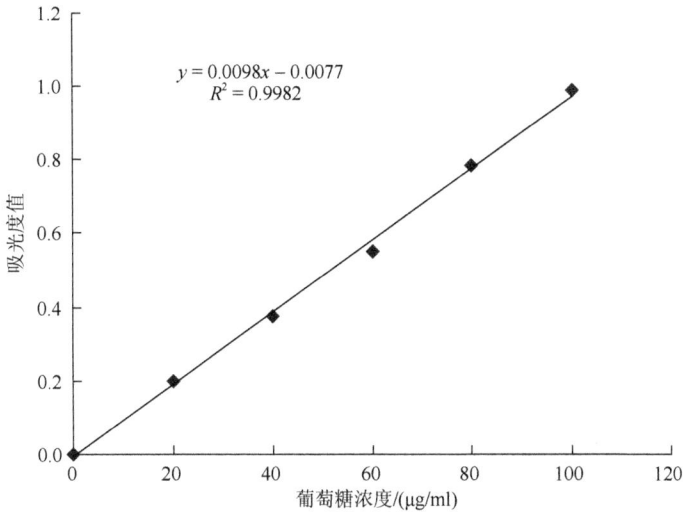

图 4-3　葡萄糖的标准曲线

3）样品含量的测定

吸取 0.10 ml 样品溶液，加入 0.90 ml 蒸馏水、5%苯酚溶液 1.00 ml，摇匀，缓慢加入浓硫酸 5.00 ml，室温下放置 25 min，以空白为参比，在 490 nm 波长处测定吸光度。计算公式同可溶性糖含量的计算公式。

4.1.3　可溶性蛋白含量及酶活性的测定

1. 可溶性蛋白含量的测定

1）溶液的配制

称取 100.0 mg 考马斯亮蓝 G-250，溶解于 50 ml 90%乙醇中，加入 85%磷酸 100 ml，最后用蒸馏水定容至 1000 ml，储存于棕色瓶中。称取牛血清白蛋白 10.0 mg，加蒸馏水溶解并定容至 100 ml，得 100 μg/ml 的标准蛋白质溶液。

2）标准曲线的制作

取 6 支试管，然后按顺序加入蛋白质标准溶液和蒸馏水，加入的蛋白质标准溶液分别为 0.00 ml、0.20 ml、0.40 ml、0.60 ml、0.80 ml、1.00 ml；加入的蒸馏水分别为 1.00 ml、0.80 ml、0.60 ml、0.40 ml、0.20 ml、0.00 ml。然后在每支试管中加入 3.00 ml 考马斯亮蓝 G-250 溶液，混匀，放置 2 min，以考马斯亮蓝 G-250 溶液为对照，在595 nm下测定吸光度，以蛋白质浓度（x）为横坐标，以吸光度值（y）作为纵坐标，绘制标准曲线，建立回归方程式：$y = 0.0083x + 0.0676$（$R^2=0.9778$），具有良好的线性关系（图4-4）。

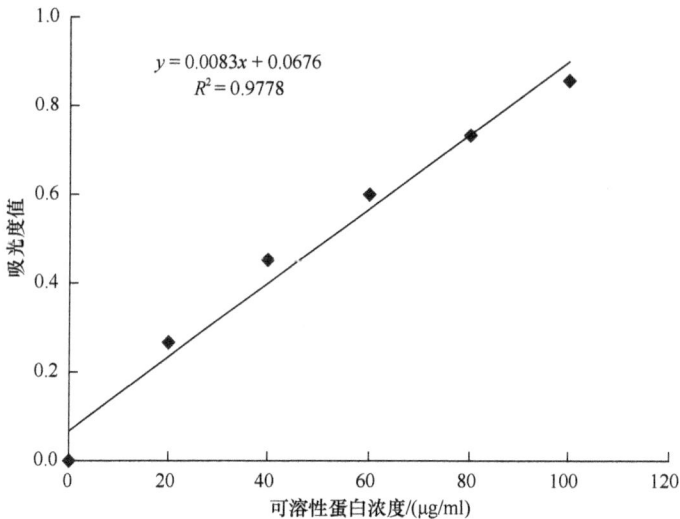

图4-4　可溶性蛋白的标准曲线

3）样品的提取

称取新鲜样品0.500 g，放入研钵中，加入5.00 ml磷酸缓冲液（pH 7.0），在冰浴中研磨成匀浆，4000 r/min离心10 min，将上清液移入10 ml容量瓶中。再向沉淀中加入2.00 ml磷酸缓冲液，悬浮，4000 r/min离心10 min，合并上清液并定容。

4）样品含量的测定

吸取990 μl蒸馏水移入试管中，加入10 μl待测液，测定方法同标准曲线的步骤，按顺序加入考马斯亮蓝G-250溶液，测定其吸光度。计算公式：

$$样品中蛋白质的含量（mg/g）=(C×V_T)/(V_1×FW)×1000$$

式中，C为标准曲线值（μg）；V_T为提取液总体积（ml）；FW为样品鲜重（g）；V_1为测定时加样量（ml）。

2. 过氧化物酶（POD）活性的测定

利用可溶性蛋白含量测定所提取的酶液进行过氧化物酶活性的测定。以愈创木酚作为底物进行活性测定。

吸取 10 μl 酶粗提液,与 3.00 ml 含 18 mmol/L 愈创木酚的磷酸缓冲液混合。30℃平衡 1 min 后,加 2%双氧水溶液 50 μl 起始酶反应,记录 470 nm 处的吸光度值,0 min 和 3 min 各记录一次,以不加酶液而加相同体积的提取用磷酸缓冲液为空白对照。以每毫克蛋白每分钟 A_{470} 变化 0.01 为一个酶活性单位(U)。计算公式:

$$POD \text{ 活性 } [U/(min·mg)] = (\triangle A_{470} \times V)/(W \times t \times V_t \times 0.01)$$

式中,$\triangle A_{470}$ 为反应时间内吸光值的变化;W 为每毫升酶液含蛋白量(mg);V 为反应液体积(ml);V_t 为测定时取样量(ml);t 为反应时间(min)。

3. 酯酶(EST)活性的测定

取 2 支试管,分别加入 0.2 mg/ml 底物(乙酸-α-萘酯)溶液 2.00 ml,1 支加 10 μl 酶液,另 1 支加入同体积的提取用磷酸缓冲液,37℃保温 30 min,加 4 mg/ml 固蓝 RR 盐溶液 1.00 ml,室温下反应 30 s 后,加入 12%三氯乙酸溶液 1.00 ml 终止反应。加入 4.01 ml 乙酸乙酯,用玻璃棒搅动,500 r/min 离心 5 min,取上层液在 450 nm 处测定吸光度,以磷酸缓冲液为空白对照。以每毫克蛋白每小时 A_{450} 变化 0.01 为一个酶活单位(U)。计算公式:

$$酯酶活性 [U/(h·mg)] = (\triangle A_{450} \times V)/(W \times 0.01 \times t \times V_t)$$

式中,$\triangle A_{450}$ 为反应时间内吸光值的变化;W 为每毫升酶液含蛋白量(mg);V 为反应液体积(ml);V_t 为测定时取样量(ml);t 为反应时间(min)。

4.1.4 粗脂肪含量的测定

(1)称取每个发育期的荚果 1.500 g,在研钵内研碎,然后将样品转移到已称重 c 的烘干脱脂滤纸中。

(2)将样品包好,置于 105℃的烘箱中 2 h,然后放入干燥器中,待冷却至室温时称重 a。将样品包放入索氏提取器中,在承受瓶内加入约 1/2 体积的石油醚,然后连接抽提筒和冷凝管,并使冷凝管与水流相连,置于恒温水浴锅上。

(3)打开电源的开关,使水浴温度上升,并打开与冷凝管相连的水龙头,承受瓶中的石油醚受热蒸发,经过冷凝管又冷凝成液体,回滴到抽提筒内浸泡样品,到达一定量后,由于虹吸原理又流回承受瓶。如此反复抽提 8 h,可将样品中的脂肪抽提干净。水浴温度约 60℃，保证石油醚每小时回流 6~8 次。

（4）抽提结束后，取出样品包，待石油醚全部挥发后，放入 105℃的烘箱中烘干，然后放入干燥器内，冷却至室温，再称重 b。计算公式：

$$粗脂肪含量 =(a–b)/(a–c)×100\%$$

式中，a 为样品包重量（g）；b 为提取后样品包重量（g）；c 为脱脂滤纸重量（g）。

4.2 硝普钠处理对花蕾初级代谢物质含量的影响

4.2.1 硝普钠处理的花蕾可溶性糖、淀粉和多糖含量的变化

硝普钠处理的花蕾的可溶性糖含量如图 4-5 所示。结果表明，与对照相比，硝普钠处理提高了国槐和'聊红'槐花蕾的可溶性糖含量，且可溶性糖含量与硝普钠的处理浓度正相关。500 μmol/L 硝普钠处理的国槐和'聊红'槐花蕾的可溶性糖含量分别为 5.45%和 5.15%，分别比对照高出 1.37 和 0.88 个百分点。'聊红'槐花蕾的可溶性糖含量高于国槐，经硝普钠处理后，二者的变化规律一致，但是'聊红'槐的增加幅度小于国槐。

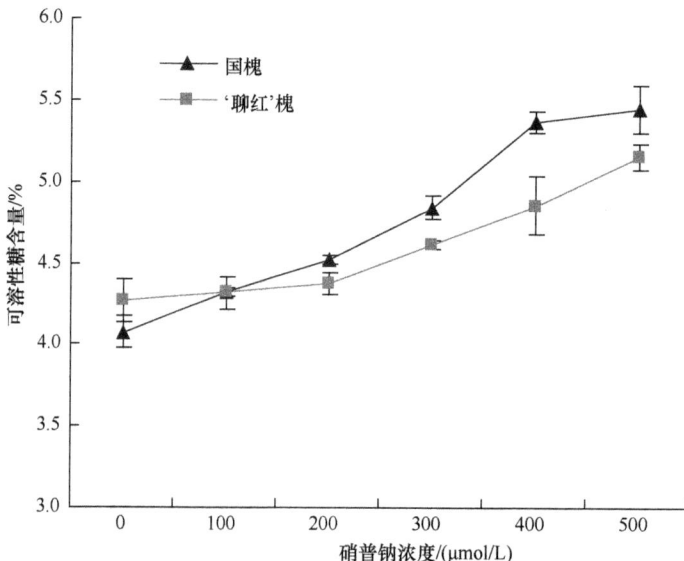

图 4-5 硝普钠处理花蕾的可溶性糖含量

图 4-6 为不同浓度硝普钠处理的花蕾的淀粉含量。国槐和‘聊红’槐花蕾的淀粉含量分别为 1.52%和 1.86%。经硝普钠处理后，花蕾的淀粉含量升高，且淀粉含量与硝普钠的处理浓度正相关。500 μmol/L 硝普钠处理的国槐和‘聊红’槐花蕾的淀粉含量分别为 4.06%和 3.87%，分别比对照提高了 167.1%和 108.1%。

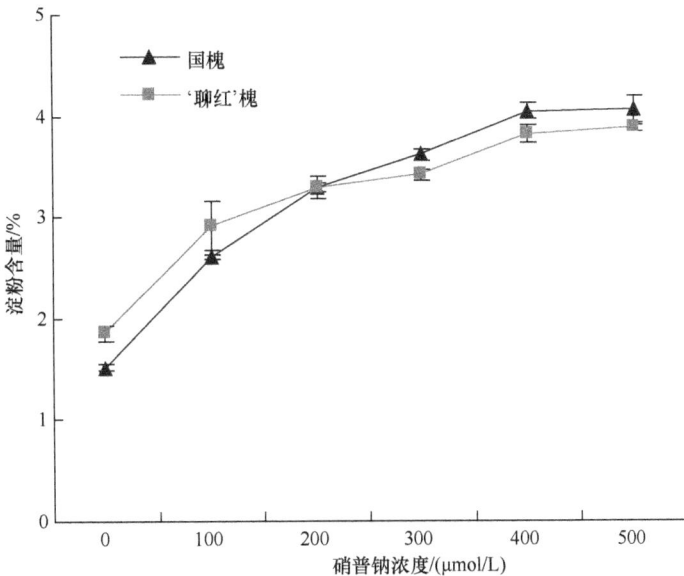

图 4-6 硝普钠处理花蕾的淀粉含量

图 4-7 为硝普钠处理对花蕾多糖含量的影响。与对照相比，硝普钠处理显著提高了花蕾的多糖含量。硝普钠的浓度越高，多糖含量也越高，二者成正相关关系。500 μmol/L 硝普钠处理的国槐和‘聊红’槐花蕾的多糖含量分别为 18.42%和 17.96%，分别是对照的 3.5 倍和 3.6 倍。‘聊红’槐与国槐花蕾的多糖含量相近。

4.2.2 硝普钠处理的花蕾可溶性蛋白含量和酶活性的变化

图 4-8 显示了不同浓度硝普钠处理的花蕾的可溶性蛋白含量。结果表明，与对照相比，硝普钠处理提高了花蕾的可溶性蛋白含量。随着硝普钠处理浓度的升

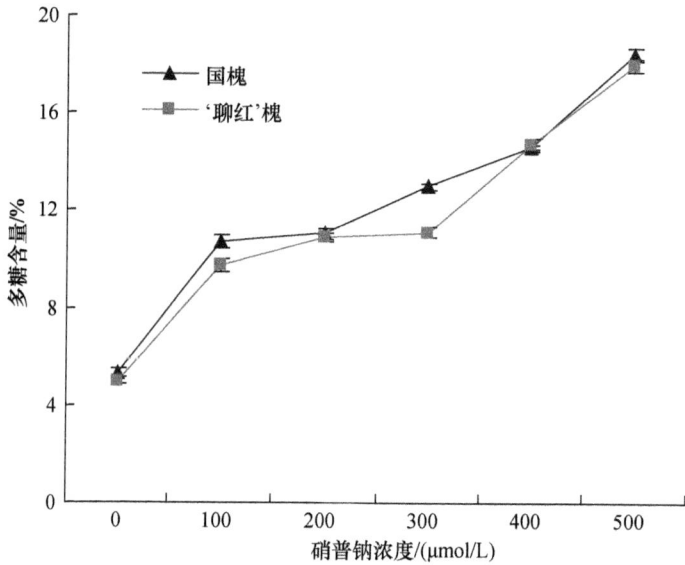

图 4-7　硝普钠处理花蕾的多糖含量

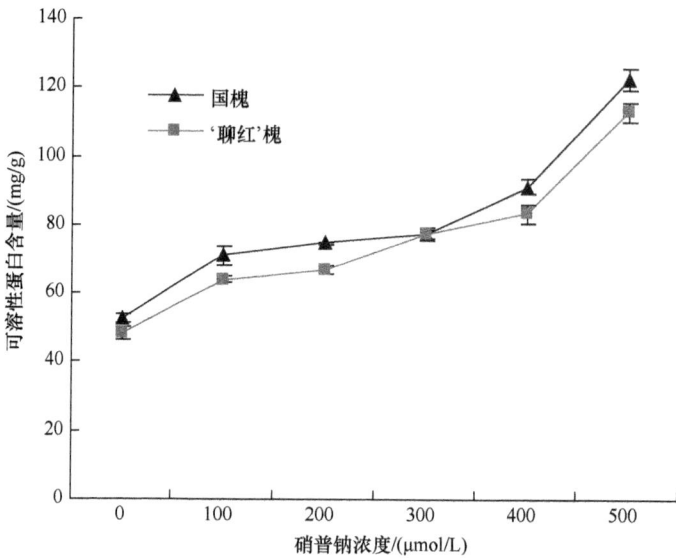

图 4-8　硝普钠处理花蕾的可溶性蛋白含量

高，可溶性蛋白的含量也随之增加，国槐和'聊红'槐的变化规律基本一致，'聊红'槐花蕾的可溶性蛋白含量始终低于国槐。500 μmol/L 硝普钠处理的国槐和'聊红'槐花蕾的可溶性蛋白含量分别为 122.73 mg/g 和 113.18 mg/g，分别比对照提高了 132.7%和 134.7%。

硝普钠处理的花蕾的过氧化物酶活性如图 4-9 所示。100 μmol/L 硝普钠处理的国槐和'聊红'槐花蕾的过氧化物酶活性分别为 1.89 U/（min·mg）和 1.56 U/（min·mg），分别比对照提高了 63.3%和 28.0%。随着硝普钠浓度的继续升高，过氧化物酶活性逐渐降低，当硝普钠的浓度为 500 μmol/L 时，国槐和'聊红'槐花蕾的过氧化物酶活性达到最低，均低于对照。

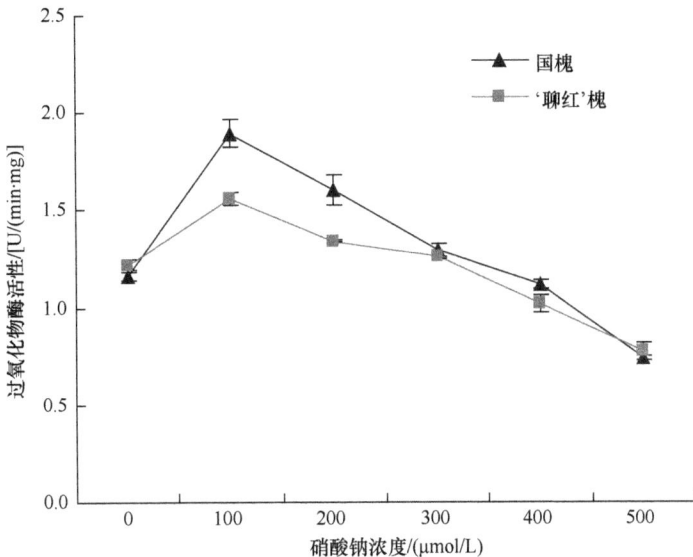

图 4-9　硝普钠处理花蕾的过氧化物酶活性

图 4-10 为硝普钠处理的花蕾酯酶活性的变化。酯酶的活性与硝普钠的浓度呈负相关关系，其活性随着硝普钠处理浓度的升高而降低。当硝普钠的浓度达到最高（500 μmol/L）时，国槐和'聊红'槐花蕾的酯酶活性达到了最小，分别为 274.70 U/（h·mg）和 236.17 U/（h·mg），分别比对照降低了 71.8%和 71.3%。'聊红'槐花蕾的酯酶活性始终比国槐的低。

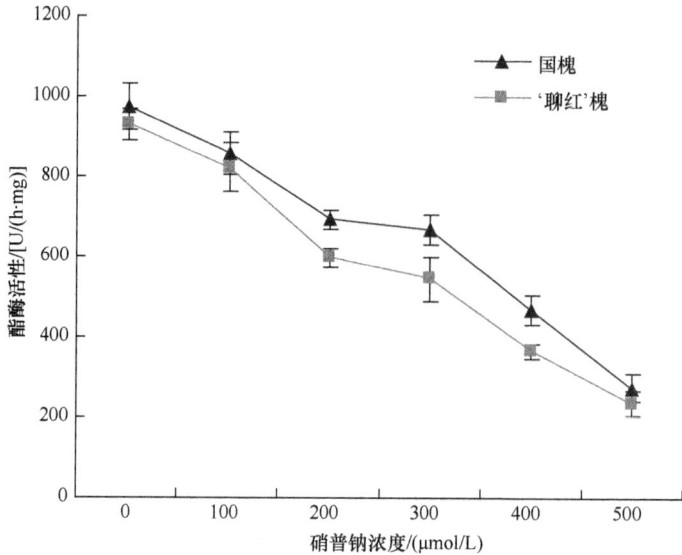

图 4-10 硝普钠处理花蕾的酯酶活性

4.3 荚果发育期间初级代谢物质含量的变化

4.3.1 荚果发育期间可溶性糖、淀粉和多糖含量的变化

图 4-11 为荚果发育期间可溶性糖含量的变化。随着荚果的生长发育，可溶性糖含量逐渐增加。从嫩荚Ⅰ期到成熟期，国槐荚果的可溶性糖含量增加了 60.1%，'聊红'槐荚果的可溶性糖含量增加了 51.2%，'聊红'槐荚果的可溶性糖含量的增幅小于国槐。国槐成熟荚果的可溶性糖含量为 6.95%，比花蕾高 2.87 个百分点。'聊红'槐成熟荚果的可溶性糖含量为 6.66%，比花蕾高 2.39 个百分点。'聊红'槐成熟荚果的可溶性糖含量略低于国槐。

图 4-12 为荚果发育期间淀粉含量的变化。随着荚果的生长发育，淀粉含量逐渐增加。从嫩荚Ⅰ期到成熟期，国槐荚果的淀粉含量增加了 95.1%，'聊红'槐荚果的淀粉含量增加了 74.5%，'聊红'槐荚果淀粉含量的增幅小于国槐。国槐成熟荚果的淀粉含量为 4.02%，比花蕾高 2.50 个百分点。'聊红'槐成熟荚果的淀粉含量为 3.96%，比花蕾高 2.10 个百分点。'聊红'槐与国槐成熟荚果的淀粉含量相近。

图 4-13 为荚果发育期间多糖含量的变化。结果表明，荚果生长发育过程中，

多糖含量逐渐升高。从嫩荚Ⅰ期到成熟期,国槐荚果的多糖含量增加了 35.8 个百分点,'聊红'槐荚果的多糖含量增加了 35.5 个百分点。国槐成熟荚果的多糖含量为 49.54%,是花蕾的 9.3 倍。'聊红'成熟荚果的多糖含量为 48.76%,是花蕾的 9.8 倍。'聊红'槐与国槐成熟荚果的多糖含量相近。

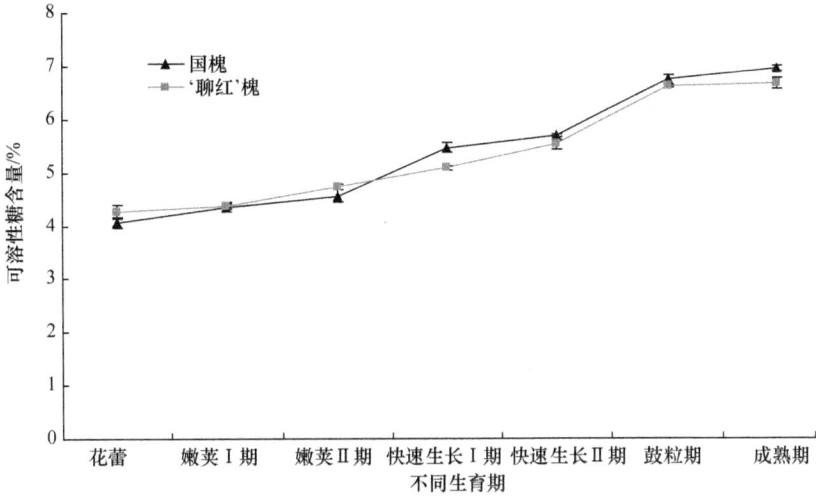

图 4-11 荚果发育期间可溶性糖含量的变化

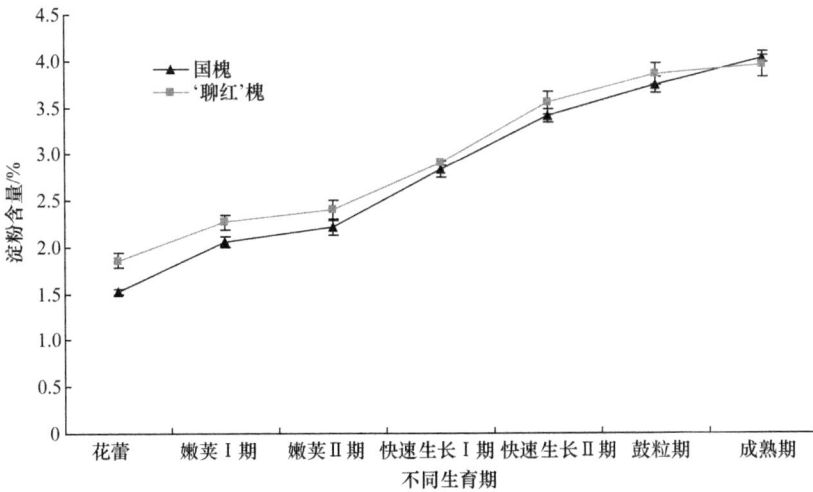

图 4-12 荚果发育期间淀粉含量的变化

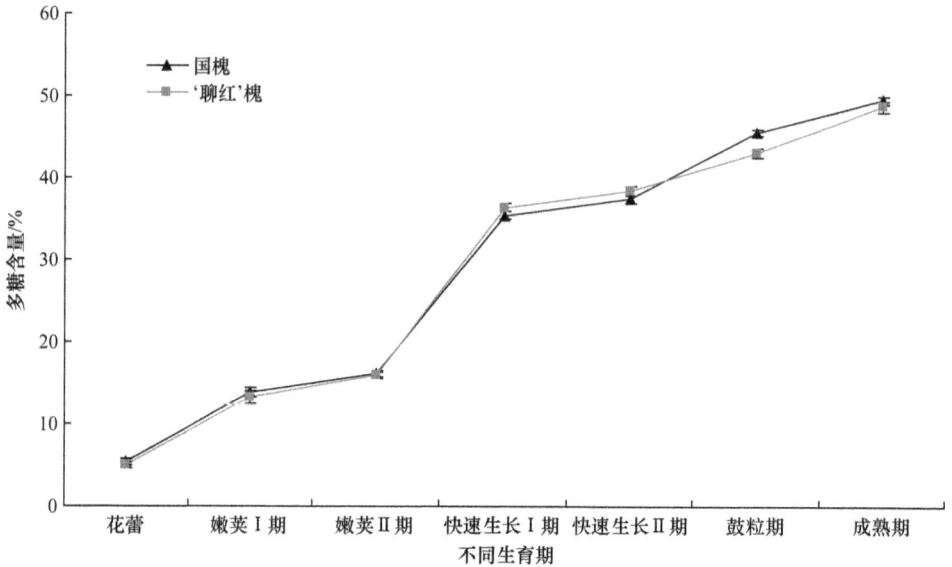

图 4-13 荚果发育期间多糖含量的变化

4.3.2 荚果发育期间可溶性蛋白含量和酶活性的变化

图 4-14 为荚果发育期间可溶性蛋白含量的变化。荚果生长发育期间,可溶性蛋白含量逐渐升高。从嫩荚 I 期到成熟期,国槐荚果的可溶性蛋白含量增加了 101.5%,'聊红'槐荚果的可溶性蛋白含量增加了 74.6%。国槐成熟荚果的可溶性蛋白含量为 132.76 mg/g,是花蕾的 2.5 倍。'聊红'槐成熟荚果的可溶性蛋白含量为 139.99 mg/g,是花蕾的 2.9 倍。'聊红'槐成熟荚果的可溶性蛋白含量略高于国槐。

图 4-15 为荚果发育期间过氧化物酶活性的变化。在荚果生长发育过程中,过氧化物酶的活性呈先升高后降低的趋势。过氧化物酶的活性在嫩荚 II 期达到了最高,在成熟期降到了最低。国槐和'聊红'槐成熟荚果的过氧化物酶活性分别为 0.532 U/(min·mg) 和 0.474 U/(min·mg),分别比花蕾降低了 54.1%和61.1%。

图 4-16 为荚果发育期间酯酶活性的变化。随着荚果的生长发育,酯酶活性逐渐增大,在成熟期达到了最高。国槐和'聊红'槐成熟荚果的酯酶活性分别为

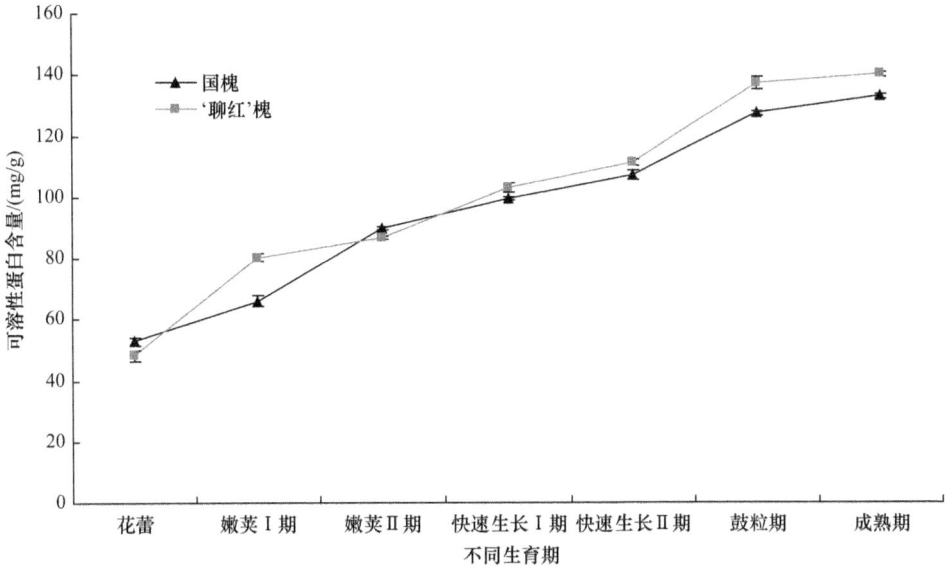

图 4-14 荚果发育期间可溶性蛋白含量的变化

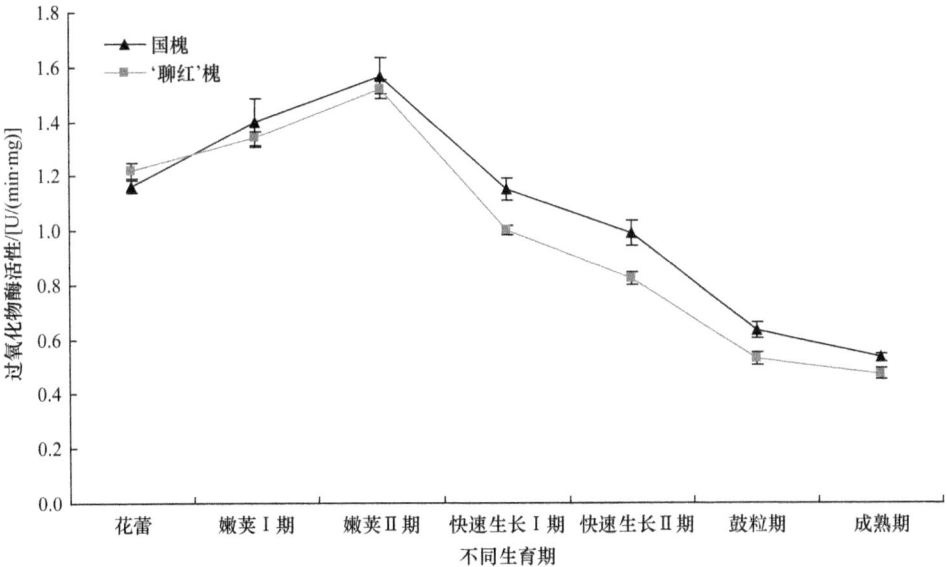

图 4-15 荚果发育期间过氧化物酶活性的变化

1087.06 U/(h·mg)和 1049.50 U/(h·mg)，分别比嫩荚Ⅰ期的活性提高了 38.4%和 45.7%，分别是花蕾酯酶活性的 1.7 倍和 1.8 倍。

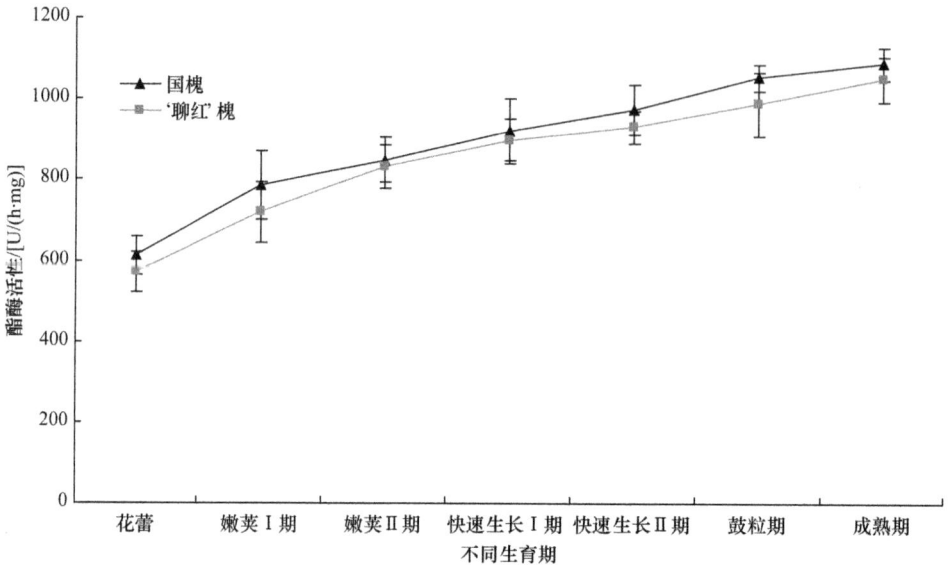

图 4-16　荚果发育期间酯酶活性的变化

4.3.3　荚果发育期间粗脂肪含量的变化

图 4-17 为荚果发育期间粗脂肪含量的变化。荚果发育期间，粗脂肪含量不断增加，从嫩荚Ⅰ期到成熟期，国槐和'聊红'槐荚果的粗脂肪含量分别增加了 2.7 倍和 2.8 倍。国槐和'聊红'槐成熟荚果的粗脂肪含量分别为 8.22%和 7.93%，分别是花蕾的 5.6 倍和 6.0 倍。'聊红'槐成熟荚果的粗脂肪含量略低于国槐。

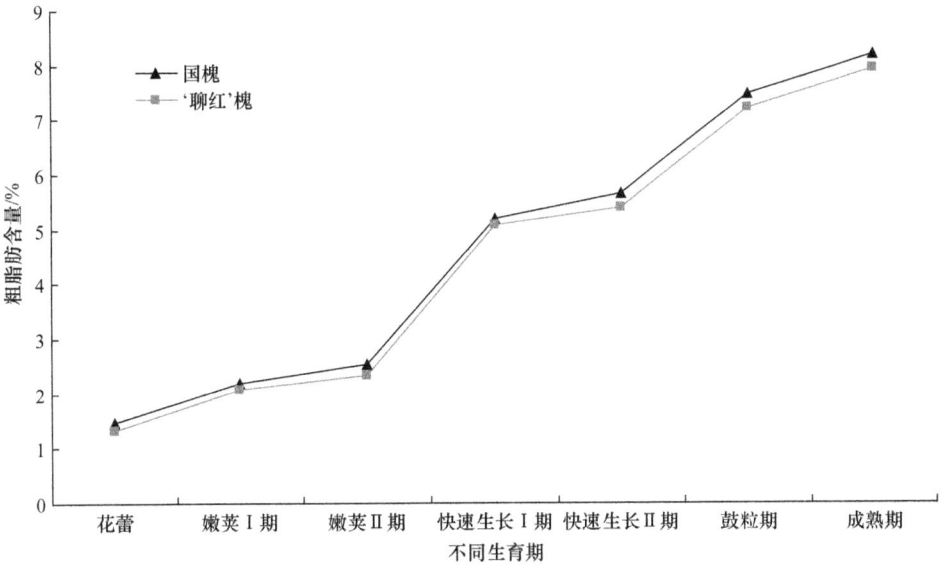

图 4-17 荚果发育期间粗脂肪含量的变化

4.4 本 章 小 结

本章主要研究了硝普钠处理对国槐和'聊红'槐花蕾主要营养物质含量的影响，以及荚果发育期间主要干物质的积累规律，以期为开发'聊红'槐的药用和食用价值奠定理论基础和提供科学依据。

硝普钠是外源一氧化氮的供体，一氧化氮是一种易扩散的生物活性分子，是植物体内重要的信号分子，参与调控植物的生长发育。朱先波等（2009）研究了常温常压下一氧化氮熏蒸处理对马铃薯贮藏的影响，发现一氧化氮可以降低呼吸强度，降低腐烂率、萌芽率，延缓可溶性固形物含量的下降，提高超氧化物歧化酶的活性，抑制淀粉酶和多酚氧化酶的活性。干旱胁迫下，250 μmol/L 硝普钠处理显著提高了银杏叶片可溶性糖、脯氨酸、黄酮类化合物和银杏内酯的含量（郝岗平等，2007）。与对照相比，硝普钠处理提高了'聊红'槐花蕾的可溶性糖、淀粉、多糖和可溶性蛋白含量，降低了酯酶活性。500 μmol/L 硝普钠处理的'聊红'槐花蕾的可溶性糖、淀粉、多糖和可溶性蛋白的含量分别为 5.15%、3.87%、17.96%

和 113.18 mg/g，分别比对照提高了 20.6%、108.1%、262.1%和 134.7%。随着硝普钠处理浓度的升高，'聊红'槐花蕾的酯酶活性逐渐降低，过氧化物酶活性呈先升高后降低的趋势。

荚果发育期间，可溶性糖、淀粉、多糖、可溶性蛋白和粗脂肪的含量逐渐增加。'聊红'槐成熟荚果的可溶性糖、淀粉、多糖、可溶性蛋白和粗脂肪的含量分别为 6.66%、3.96%、48.76%、139.99 mg/g 和 7.93%，分别比花蕾高 2.39、2.10、43.80、9.18 和 5.87 个百分点。'聊红'槐与国槐成熟荚果的可溶性糖、淀粉、多糖、可溶性蛋白和粗脂肪的含量相近，差异不显著。荚果发育期间，'聊红'槐荚果的酯酶活性逐渐增大，过氧化物酶活性呈先升高后降低的趋势。'聊红'槐成熟荚果的酯酶活性和过氧化物酶活性均略低于国槐。

第5章 '聊红'槐花与果的次级代谢

糖类、脂肪、核酸和蛋白质等是光合作用的直接产物，称初级代谢产物。植物体内还有许多其他有机物，如酚类、生物碱和萜类等，它们是由糖类等有机物次级代谢衍生出来的物质，因此称为次级代谢产物。次级代谢产物是植物长期演化过程中产生的，对植物的生长发育具有重要的作用。有些次级代谢产物是植物生命活动必需的，如激素等；有些能够影响植物的生长发育，如木质素和叶绿素等；有些具有一定的色、香、味，能够吸引昆虫或动物来传粉或传播种子，如有挥发性的萜类物质和花色素等；有些是工业原料，如橡胶等；有些是重要的药物，如奎宁碱等（潘瑞炽等，2012）。'聊红'槐的主要观赏部位是花，为淡堇紫色。花的颜色主要由类黄酮、类胡萝卜素等化合物来决定。其中类黄酮中主要显色化合物为黄酮和花色素苷，提供了黄色、红色、橙色、蓝色及紫色等色素成分。槐米和槐角是我国的传统中药，其主要药用成分为类黄酮物质，如槲皮素、芦丁、槐角苷等。本章主要研究了'聊红'槐花和果实中类黄酮物质（花色素苷、芦丁、槲皮素、染料木素）的积累规律，以期为开发'聊红'槐的药用价值和探究'聊红'槐花的显色机理提供理论依据。

5.1 '聊红'槐花中类黄酮物质的变化规律

5.1.1 试验材料与研究方法

待'聊红'槐与国槐的花序抽出，采集不同发育时期的花（现蕾初期、蕾期、露瓣期、开花期和落花期）。将材料分为两组，一组立即烘干（60℃，10 h），粉碎后过40目筛，标记后保存于干燥皿中，用于总黄酮、芦丁和槲皮素的测定。另一组置于–80℃的冰箱中保存，用于花色素苷的测定。

1. 总黄酮含量的测定

1）标准溶液的配制

称取 5.0 mg 芦丁对照品（中国药品生物制品检定所）到烧杯中，加少量水，水浴加热使之完全溶解，将溶液移入 50 ml 容量瓶中。冷却后，用 60%乙醇定容至刻度，摇匀，即得 0.1 mg/ml 的芦丁标准溶液，置于 4℃的冰箱中保存备用。

2）测定波长的确定

吸取芦丁标准溶液 1.00 ml，移入 10 ml 容量瓶中，用 60%乙醇补充至约 5 ml，先加 5%亚硝酸钠溶液 0.30 ml，摇匀，放置 5 min；再加 10%硝酸铝溶液 0.30 ml，摇匀，放置 5 min；再加 4%氢氧化钠溶液 4.00 ml，最后用 60%乙醇定容至刻度，摇匀，放置 20 min。用紫外分光光度计在波长范围 200~700 nm 扫描。重复 3 次，确定最大吸收波长为 513 nm。

3）标准曲线的制备

用 60%乙醇将 0.1 mg/ml 的芦丁标准溶液分别稀释成 0 μg/ml、10 μg/ml、20 μg/ml、30 μg/ml、40 μg/ml、50 μg/ml，各吸取 1.00 ml 移入 10 ml 的容量瓶中，用 60%乙醇补充至约 5 ml，先各加 5%亚硝酸钠溶液 0.30 ml，摇匀，放置 5 min；再各加 10%硝酸铝溶液 0.30 ml，摇匀，放置 5 min；再各加 4%氢氧化钠溶液 4.00 ml，用 60%乙醇定容至刻度，摇匀。放置 20 min，在 513 nm 波长处测定吸光度，以吸光度 y 对浓度 x（μg/ml）进行线性回归。

4）样品提取

采用超声法提取槐花中的总黄酮（兰昌云等，2005）。称取干燥至恒重的不同发育期的槐花粉末 0.250 g，加入 60%乙醇（1：20，m/V）超声提取（SK3300LH 超声波清洗器）数次，至提取液无色为止，趁热减压抽滤，移入 100 ml 容量瓶中，用 60%乙醇定容至刻度，作为待测液。

5）样品含量的测定

吸取样品溶液 1.00 ml，移入 10 ml 容量瓶中，以 1 ml 60%乙醇为对照，分别加 60%乙醇使体积约为 5 ml，按标准曲线的制备方法，依次加入 5%亚硝酸钠溶液、10%硝酸铝溶液和 4%氢氧化钠溶液，最后用 60%乙醇定容至刻度，静置 20 min，以相应试剂作空白，在 513 nm 波长处测定吸光度。重复 3 次。

2. 芦丁和槲皮素的含量测定

1）标准溶液的配制

称取在 105℃减压干燥至恒重的芦丁对照品 50.0 mg，槲皮素对照品 10.0 mg，分别置于烧杯中，加少量水，水浴加热使之完全溶解，将溶液移入 50 ml 容量瓶中，加 60%乙醇定容至刻度，摇匀，即得 1.0 mg/ml 芦丁标准溶液和 0.2 mg/ml 槲皮素标准溶液，置 4℃冰箱保存待用。

2）样品的提取

称取干燥至恒重的不同发育期的槐花粉末 0.050 g，加 60%乙醇 10.00 ml，超声处理 30 min，减压抽滤，过 0.45 μm 的微孔滤膜，取续滤液作为供试品溶液，置于 4℃冰箱保存待用。

3）色谱条件

安捷伦 1100 高效液相色谱仪（Agilent Technologies，Germany），Bondapak C$_{18}$柱（250 mm×4.6 mm，I.D. 5 μm），柱温为室温，流动相为甲醇-水梯度洗脱，流速为 1.0 ml/min，检测波长为 254 nm，时间 30 min，进样量 20 μl。

4）标准曲线的制作

将配制的芦丁标准溶液稀释成 0.2 mg/ml、0.4 mg/ml、0.6 mg/ml、0.8 mg/ml、1.0 mg/ml，槲皮素标准溶液稀释成 20 μg/ml、60 μg/ml、100 μg/ml、140 μg/ml、180 μg/ml，分别进液相色谱测定峰面积，以峰面积积分值为横坐标，以芦丁和槲皮素对照品溶液的浓度为纵坐标，绘制标准曲线，计算得回归方程。

5）样品含量的测定

吸取对照品和供试品溶液，进行反相高效液相色谱（RP-HPLC）测定。

3. 花色素苷含量的测定

1）样品的提取

（1）简单定性

称取新鲜的全花 1.000 g 放入具塞的试管中，依次加入石油醚、10%盐酸、25%氨水，观察提取液的颜色，初步判定'聊红'槐花中色素的种类。重复 3 次。

（2）测定波长的确定

称取 1.000 g 样品，加入提取剂 10.00 ml，超声提取 30 min，过滤，用紫外分光光度计在波长范围 200~700 nm 扫描，确定最大吸收波长为 535 nm。重复 3 次。

（3）样品的处理方式

称取 1.000 g 新鲜样品 3 份，一份直接提取，一份室温条件下阴干，一份于 60℃下干燥 10 h，提取后测定吸光度值，确定最佳的原料处理方法。重复 3 次。

（4）单因素试验

分别分析提取剂种类、料液比、提取液 pH、浸提时间、提取温度、稳定性、提取次数对提取效果的影响。重复 3 次。

（5）正交试验

称取 0.500 g 样品，按表 5-1 所示的正交试验进行提取，将提取液过滤后，移入 25 ml 容量瓶中，定容至刻度。在分光光度计下测定 OD 值，重复 3 次。确定多因素条件下的最佳浸提条件。

表 5-1　花色素苷提取的正交试验

水平	因素			
	超声时间/min（A）	浸提时间/h（B）	料液比（C）	提取剂 pH（D）
1	10	4	1：5	1
2	20	5	1：10	2
3	30	6	1：15	3

2）样品中花色素苷含量的测定

以正交试验得出的最佳提取条件提取样品，然后减压抽滤，再过 0.45 μm 的微孔滤膜，取续滤液作为供试品溶液。

（1）标准溶液的制备

称取矢车菊素 3-O-葡萄糖苷对照品（天津一方科技有限公司）20.0 mg，置烧杯中，加少量水，使之完全溶解，然后移入 100 ml 容量瓶中，加乙醇稀释至刻度，摇匀，即得 0.2 mg/ml 花色素苷标准溶液，置–20℃冰箱保存待用。

（2）色谱条件

安捷伦 1100 高效液相色谱仪（Agilent Technologies，Germany），反相 Bondapak C$_{18}$ 柱（250 mm × 4.6 mm，I.D. 5 μm），柱温为室温，流动相为甲醇：0.1%磷酸溶液（1：4，V/V）等度洗脱，流速为 1.0 ml/min，时间为 30 min，进样量 20 μl。在 200~800 nm 全波长扫描吸收光谱，确定 280 nm（花色素苷）和 360 nm（黄酮醇）为测定波长。

（3）标准曲线的制作

分别吸取矢车菊素 3-*O*-葡萄糖苷标准溶液 1.00 ml、2.00 ml、3.00 ml、4.00 ml、5.00 ml，移入 10 ml 容量瓶中，用乙醇补充至刻度，分别进液相色谱测定峰面积，以峰面积积分值为纵坐标，以花色素苷溶液的浓度为横坐标，绘制标准曲线，计算得回归方程。

（4）样品的测定

吸取供试品溶液，进行液相色谱测定。分别以 280 nm 和 360 nm 同时检测总花色素苷含量和总黄酮醇含量。采用对照品半定量法分别计算每 100 mg 新鲜花中含有的总花色素苷含量和总黄酮醇含量（李崇晖等，2008）。重复 3 次。

5.1.2 花中总黄酮的含量及变化规律

1. 芦丁的标准曲线

芦丁对照品溶液的浓度分别为 0 μg/ml、10 μg/ml、20 μg/ml、30 μg/ml、40 μg/ml、50 μg/ml，吸光度分别为 0.00、0.273、0.558、0.810、1.092、1.355。由此得出芦丁的标准曲线（图 5-1）。芦丁的浓度在 10~50 μg/ml 时，$y = 0.0271x + 0.0039$，$R^2 = 0.9998$，表明具有良好的线性关系。

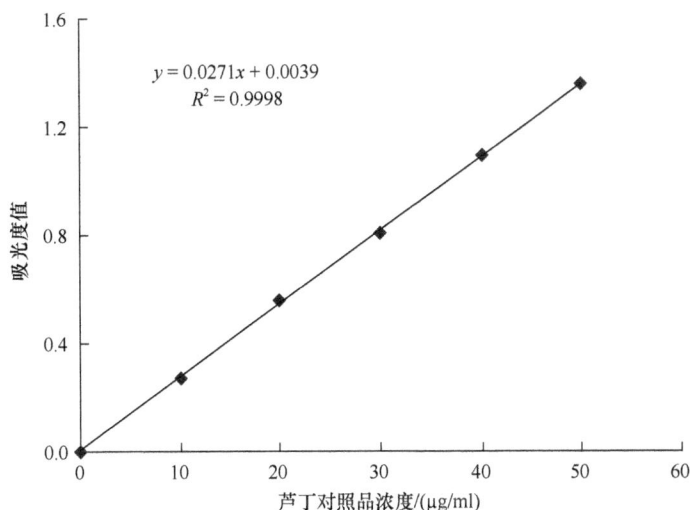

图 5-1　芦丁的标准曲线

2. 精密度试验

吸取 10 μg/ml 芦丁对照品溶液 1.00 ml 移入 10 ml 容量瓶中,然后按标准曲线的制备方法,依次加入 5 %亚硝酸钠溶液、10%硝酸铝溶液和 4%氢氧化钠溶液,定容,摇匀。静置 20 min,在 513 nm 处测其吸光度值,重复 3 次。结果显示 3 个样品的吸光度分别为 0.274、0.272、0.271,RSD=0.49%,表明精密度良好。

3. 稳定性试验

吸取 10 μg/ml 芦丁对照品溶液 1.00 ml 移入 50 ml 容量瓶中。分别在 0 min、10 min、30 min、50 min、70 min、100 min 时依次测定吸光度,结果表明芦丁对照品溶液在 50 min 内是稳定的。

4. 总黄酮的含量及变化规律

测定了'聊红'槐与国槐花不同发育期的总黄酮含量(表 5-2)。'聊红'槐和国槐花中总黄酮含量的变化规律一致:从现蕾初期到蕾期,总黄酮的含量升高且达到最大值。从蕾期到露瓣期,总黄酮的含量显著降低。从露瓣期到开花期,含量略增加。从开花期到落花期,总黄酮的含量极显著降低。'聊红'槐和国槐花的总黄酮含量在蕾期最高,分别为 17.80%和 17.90%;在落花期最低,分别为 9.20%和 9.86%。

'聊红'槐与国槐相同发育期花的总黄酮含量的比较如图 5-2 所示。'聊红'槐花中总黄酮的含量均比同期国槐的少,但差异不显著。

表 5-2 '聊红'槐与国槐花不同发育期的总黄酮含量(%)

总黄酮含量	现蕾初期	蕾期	露瓣期	开花期	落花期
'聊红'槐	16.14 Aab	17.80 Aa	13.24 Bb	14.32 ABb	9.20 Cc
国槐	16.78 Aab	17.90 Aa	14.16 Ab	14.96 Ab	9.86 Cc

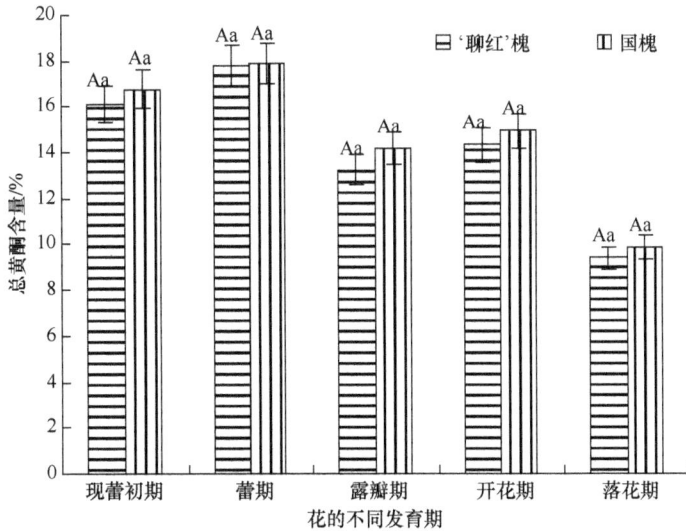

图 5-2 '聊红'槐与国槐相同发育期花的总黄酮含量比较

5.1.3 花中芦丁与槲皮素的含量及变化规律

1. RP-HPLC 条件的优化

在利用 RP-HPLC 法分析国槐与'聊红'槐花蕾的粗提物过程中,尝试了用不同比例的甲醇-水、甲醇-0.1%磷酸等作为流动相,结果表明当采用甲醇-水梯度洗脱,流速为 1.0 ml/min,时间为 30 min 时,粗提物中的主要组分可以达到基线分离,其 RP-HPLC 图,如图 5-3~图 5-5 所示。

2. 标准曲线

芦丁对照品溶液的浓度分别为 0.2 mg/ml、0.4 mg/ml、0.6 mg/ml、0.8 mg/ml、1.0 mg/ml,高效液相色谱测得的峰面积分别为 2426.800、4648.536、7030.000、9380.000、11 810.000,由此得出芦丁对照品的标准曲线。芦丁的浓度在 0.2~1.0 mg/ml 时,$y = 11749x + 9.708$,$R^2 = 0.9998$,表明具有良好的线性关系(图 5-6)。

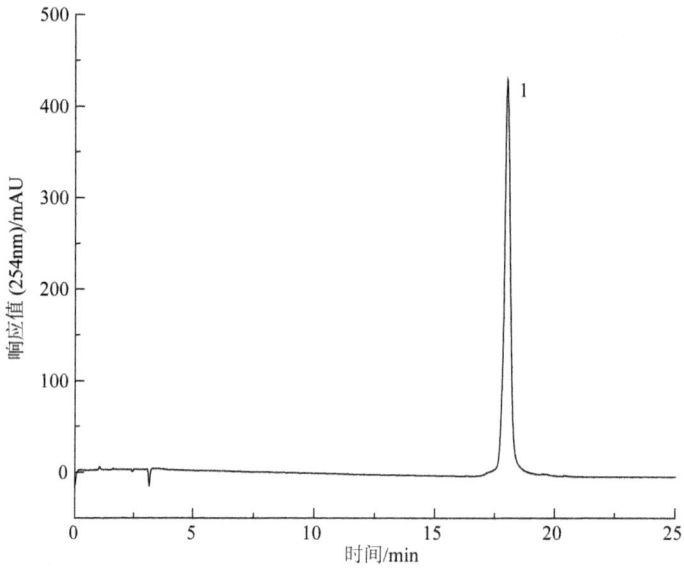

图 5-3　芦丁对照品的RP-HPLC图

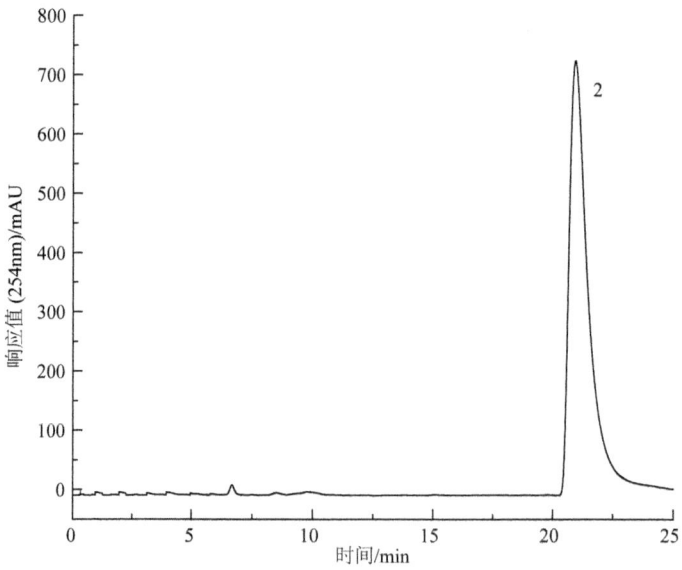

图 5-4　槲皮素对照品的RP-HPLC图

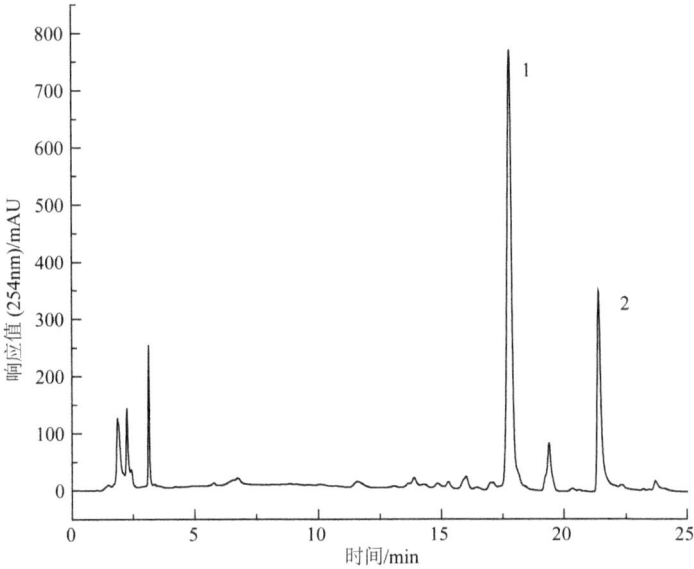

图 5-5 测定样品的RP-HPLC图

1-芦丁，2-槲皮素

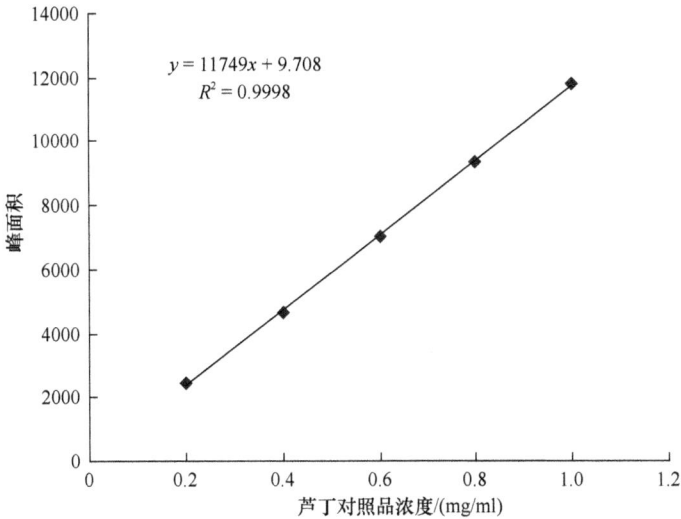

$y = 11749x + 9.708$

$R^2 = 0.9998$

图 5-6 芦丁的标准曲线

槲皮素对照品溶液的浓度分别为 20 μg/ml、60 μg/ml、100 μg/ml、140 μg/ml、180 μg/ml,高效液相色谱测得的峰面积分别为 242.600、703.230、1201.110、1698.200、

2183.401，由此得出槲皮素对照品的标准曲线。槲皮素浓度在 20~180 μg/ml 时，y =12.191x–13.435，R^2 = 0.9998，表明具有良好的线性关系（图 5-7）。

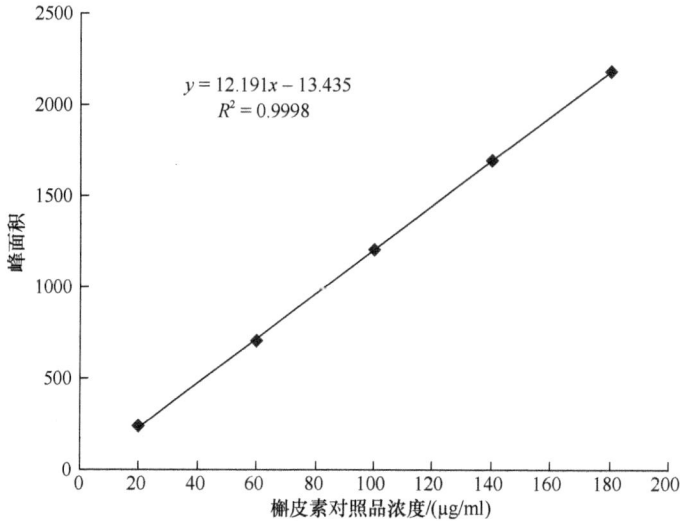

图 5-7　槲皮素的标准曲线

3. 精密度试验

取芦丁和槲皮素标准溶液各 5 μl，分别连续进样 3 次。芦丁的平均峰面积为 2483. 60（RSD = 0.26 %）；槲皮素的平均峰面积为 2971. 20（RSD=0.51 %），表明精密度良好。

4. 稳定性试验

取芦丁和槲皮素标准溶液，室温放置，依次在 0 h、10 h、15 h、20 h、30 h、40 h 时测定峰面积。结果显示芦丁和槲皮素溶液的峰面积基本不变，RSD 分别为 0. 38%和 0. 50%，表明样品溶液在 40 h 内稳定。

5. 回收率试验

各取'聊红'槐和国槐供试品 5 份，分别加入不同量的芦丁和槲皮素对照品，按上述方法，测定平均回收率分别为 99.65%（RSD=0.55%）和 99.33%

（RSD=0.49%），表明回收率较好。

6. 芦丁与槲皮素的含量及积累规律

'聊红'槐和国槐花不同发育期的芦丁含量见表 5-3。二者花中芦丁的含量呈先升高后降低的变化规律：从现蕾初期到蕾期，芦丁的含量增加到最高值，'聊红'槐和国槐的含量分别为 14.03% 和 16.16%。从蕾期到落花期，芦丁的含量持续降低，差异极显著。

图 5-8 为'聊红'槐与国槐相同发育期花的芦丁含量的比较。结果显示，'聊红'槐花中芦丁的含量均比同期国槐的低。二者的芦丁含量在现蕾初期和落花期差异不显著，在蕾期、露瓣期和开花期差异显著。

表 5-3 '聊红'槐与国槐花不同发育期的芦丁含量（%）

芦丁含量	现蕾初期	蕾期	露瓣期	开花期	落花期
'聊红'槐	13.19 ABa	14.03 Aa	11.05 BCb	10.05 BCbc	8.56 Cc
国槐	14.64 ABab	16.16 Aa	13.60 ABb	12.75 Bb	8.75 Cc

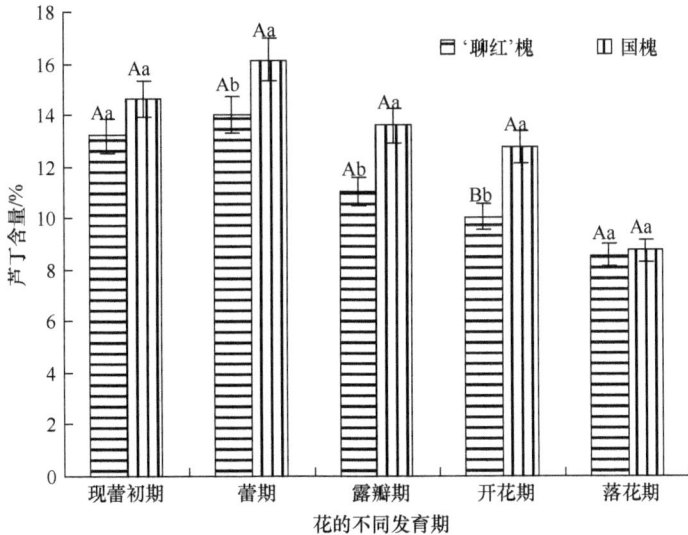

图 5-8 '聊红'槐与国槐相同发育期花的芦丁含量比较

表 5-4 显示了'聊红'槐与国槐花不同发育期的槲皮素含量。'聊红'槐花中槲皮素的含量从现蕾初期到露瓣期持续升高，在露瓣期达到最高，为 2.98%，增加了 3.3 倍，差异极显著。从露瓣期到落花期持续降低。随着花的生长发育，国槐花中槲皮素的含量先上升后下降，蕾期的槲皮素含量最高，为 1.45%。

'聊红'槐与国槐相同发育期花的槲皮素含量的比较如图 5-9 所示。'聊红'槐花中槲皮素的含量均比同期国槐的高，差异达到极显著水平。

表 5-4　'聊红'槐与国槐花不同发育期的槲皮素含量（%）

槲皮素含量	现蕾初期	蕾期	露瓣期	开花期	落花期
'聊红'槐	0.90 Cc	2.69 Aa	2.98 Aa	2.40 Aa	1.66 Bb
国槐	0.64 Cc	1.45 Aa	1.18 ABab	1.29 ABa	0.99 Bb

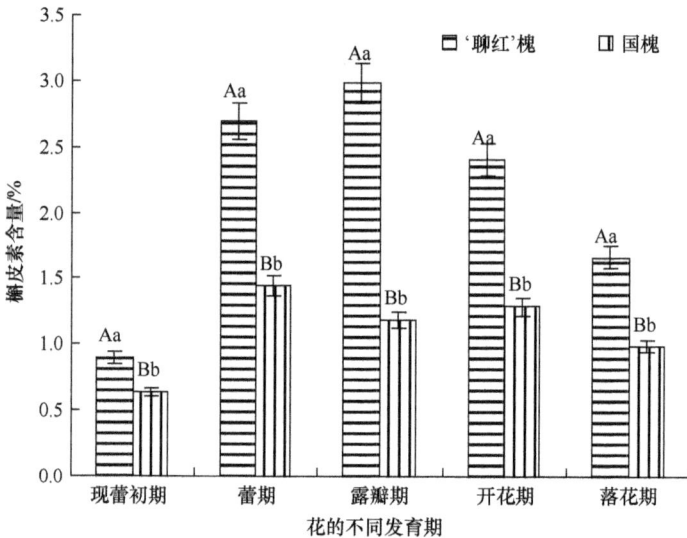

图 5-9　'聊红'槐与国槐相同发育期花的槲皮素含量比较

5.1.4 花中花色素苷的含量及变化规律

1. 花色素苷的提取

1）简单定性

表 5-5 显示了全花提取液的颜色。向试管中依次加入石油醚、10%盐酸、25%氨水，提取液分别呈浅黄色、粉红色、深黄色，表明'聊红'槐花中含有的色素为类胡萝卜素、黄酮和花色素。表 5-6 显示了花瓣提取液的颜色。结果表明，'聊红'槐花瓣中的显色物质为黄酮类和花色素类。

表 5-5 不同溶剂对'聊红'槐的全花中花色素苷的提取效果

浸提剂	水	无水乙醇	盐酸	盐酸-乙醇	丙酮	石油醚
提取液颜色	微黄	黄色	粉红	粉色	微黄	浅黄

表 5-6 不同溶剂对'聊红'槐的花瓣中花色素苷的提取效果

浸提剂	水	无水乙醇	盐酸	盐酸-乙醇	丙酮	石油醚
提取液颜色	微黄	黄色	粉红	粉色	无色	无色

2）提取方式与提取剂的选择

超声波由于其频率高，波长短，具有方向性好、功率大、穿透力强等特点被广泛地应用于植物花色素苷的提取中，所以本实验也选择超声波的提取方式。新鲜的花以料液比为 1∶10（m/V）提取，避光超声 30 min，比较不同提取剂的提取效果（表 5-7）。张秀丽等（2006）报道，花色素苷和黄酮为水溶性物质，且花色素苷在醇酸液条件下提取效果较好。由于甲醇溶剂有一定毒性，对人体有害，因此选用乙醇作为提取剂。结果表明，0.1%盐酸-乙醇溶液提取速度较快。提取花色素苷时用盐酸可以降低 pH，阻止无酰基的花色素苷降解，但是随着蒸发浓缩等过程的进行，盐酸醇液被浓缩，最终会导致花色素苷降解。因此，本实验选择 2%甲酸-乙醇为提取剂。

表 5-7 不同提取剂的提取效果

提取剂	2%甲酸-水	0.1%盐酸-水	2%甲酸-乙醇	0.1%盐酸-乙醇
提取速度	慢	慢	较慢	快

3）样品处理方式的选择

2%甲酸-乙醇溶液作提取剂，料液比为 1∶10（m/V），超声 30 min，测定样品不同处理方式对花色素苷提取效果的影响。结果见表 5-8，可知新鲜样品的提取率最高。

表 5-8　样品不同处理方式对花色素苷提取的影响

原料处理方式	新鲜	室温阴干	干燥
OD 值	0.376	0.295	0.203

4）乙醇浓度的选择

称取 1.000 g 样品 5 份，加入不同浓度的乙醇-2%甲酸溶液 5.00 ml，超声 30 min，过滤后定容至 10 ml，测吸光度值（表 5-9）。结果表明，乙醇的浓度越高，花色素苷的提取效果越好，所以使用无水乙醇进行提取。

表 5-9　不同浓度的乙醇对花色素苷提取的影响

乙醇浓度	20%	40%	60%	80%	无水
OD 值	0.355	0.465	0.586	0.652	0.820

5）料液比的选择

称取 1.000 g 样品 4 份，按不同的料液比加入提取液，过滤后定容到 50 ml，测吸光度值。由表 5-10 可知，'聊红'槐花色素苷提取的最佳料液比为 1∶10（m/V）。

表 5-10　不同的料液比对花色素苷提取的影响

料液比	1∶5	1∶10	1∶15	1∶20
OD 值	0.265	0.405	0.366	0.233

6）提取液 pH 的选择

称取 1.000 g 样品 8 份，置于 10 ml 的比色管中，加入 5.00 ml 不同 pH 的 2%甲酸-乙醇溶液，超声 30 min，静置后观察提取液的颜色。由表 5-11 可知，提取液的适宜 pH 为 1~4。

表 5-11 pH对花色素苷提取效果的影响

pH	1.0	2.0	3.0	4.0	5.0	6.0	7.0	8.0
提取液颜色	粉红	粉红	粉红	粉红	淡黄	黄色	黄色	黄色

7）超声和浸提时间的选择

称取 1.000 g 样品 10 份，2%甲酸-乙醇溶液（pH 3.0）作提取剂，料液比为 1∶10（m/V），分别超声和静置不同的时间后测定提取液的 OD 值（表 5-12，表 5-13）。结果表明，以超声 20 min，浸提 5 h 的提取效果最好。

表 5-12 超声时间对花色素苷提取效果的影响

时间/min	10	15	20	30
OD 值	0.273	0.355	0.368	0.342

表 5-13 浸提时间对花色素苷提取效果的影响

时间/h	1	2	3	4	5	6
OD 值	0.296	0.311	0.321	0.353	0.402	0.372

8）提取温度的选择

称取 1.000 g 样品 7 份，2%甲酸-乙醇溶液（pH 3.0）作提取剂，料液比为 1∶10（m/V），在不同温度下超声 20 min，比较提取液的颜色（表 5-14）。结果表明，在温度范围 30~70℃花色素苷性质稳定，但是由于花色素苷在高温下容易降解，所以提取温度控制在 40℃以下。

表 5-14 提取温度对花色素苷提取的影响

温度/℃	30	40	50	60	70	80	90
提取液颜色	粉红	粉红	粉红	粉红	粉红	淡黄	橙黄

9）在室内自然光下的稳定性

称取 1.000 g 样品 4 份，2%甲酸-乙醇溶液（pH 3.0）作提取剂，料液比为 1∶10（m/V），超声 20 min，静置 15 min，在室温自然光下放置不同时间，比较提取液的 OD 值（表 5-15）。结果表明，花色素苷在室温自然光下逐步降解，30 min 以内降解较慢，所以提取时应注意避光。实验表明，在2%甲酸-乙醇提取液中加入少量三氟乙酸可以抑制花色素苷的光降解，所以在提取时加入0.5%的三氟乙酸。

表5-15 花色素苷提取液在室内自然光下稳定性

时间/h	0	0.5	1	1.5
OD值	0.380	0.330	0.305	0.297

10）提取次数的选择

称取1.000 g样品3份，加入2%甲酸-乙醇溶液（pH 3.0），料液比1∶10（m/V），提取20 min，提取温度为32℃，比较提取次数对花色素苷提取效果的影响（表5-16）。超声提取一次即可将大部分花色素苷提取出来，第二次提取效果降低。

表5-16 提取次数对花色素苷提取效果的影响

提取次数	1	2	3	4
OD值	0.422	0.350	0.285	0.135

11）正交试验

在单因素实验的基础上，选出对花色素苷提取效果影响较大的4个因素：超声时间、浸提时间、料液比和提取剂pH，每个因素设置3个水平，进行正交试验，比较各处理的提取率。提取率结果见表5-17，方差分析见表5-18。通过正交试验得出：最优处理为$A_3B_3C_3D_3$，即超声时间为30 min，浸提时间为6 h，料液比为1∶15（m/V），pH为3.0。这4个因素中，以料液比对提取率的影响最大。

表5-17 花色素苷提取的正交试验及结果

处理	A	B	C	D	提取率/%
1	1	1	1	1	2.07
2	1	2	2	2	2.09
3	1	3	3	3	2.61
4	2	1	2	3	1.96
5	2	2	3	1	2.58

续表

处理	因素				提取率/%
	A	B	C	D	
6	2	3	1	2	2.20
7	3	1	1	2	2.58
8	3	2	3	3	2.42
9	3	3	2	1	2.32
k_1	2.26	2.20	2.28	2.32	
k_2	2.25	2.36	2.12	2.29	
k_3	2.44	2.38	2.54	2.33	
R	0.19	0.18	0.42	0.04	

注：A 为超声时间，B 为浸提时间，C 为料液比，D 为提取剂 pH。

表 5-18 正交试验设计方差分析表

变异来源	平方和	自由度	均方	F 值	显著水平
A	0.213 27	2	0.106 63	1066.333 33	0.015 20
B	0.167 47	2	0.083 73	837.333 33	0.007 49
C	0.781 87	2	0.390 93	3909.333 33	0.001 34
D	0.008 27	2	0.004 13	41.333 33	0.004 47
误差	0.001 80	18	0.000 10		

2. 花色素苷含量的测定

1）HPLC 条件的优化

本实验在参考已有研究的基础上，尝试了不同比例的甲醇-水，甲醇-0.1%磷酸，乙腈-0.1%磷酸等作为流动相，结果表明当采用甲醇-0.1%磷酸（1：4，V/V）等度洗脱，流速为 1.0 ml/min 时，粗提物中的主要组分可以达到基线分离（图 5-10）。

用 2%甲酸-0.5%三氟乙酸-乙醇溶液提取'聊红'槐的花。图 5-11 和图 5-12 显示了 280 nm 与 360 nm 出峰的差异，360 nm 的吸收特性与芦丁的出峰时间相似，且用矢车菊素 3-O-葡萄糖苷和芦丁对照品检测，在此液相条件下，矢车菊素 3-O-

葡萄糖苷的出峰时间约在 23 min，芦丁的出峰时间约在 18 min。由出峰面积与含量成正相关可知，'聊红'槐的花瓣中花色素苷类的含量较黄酮醇低。

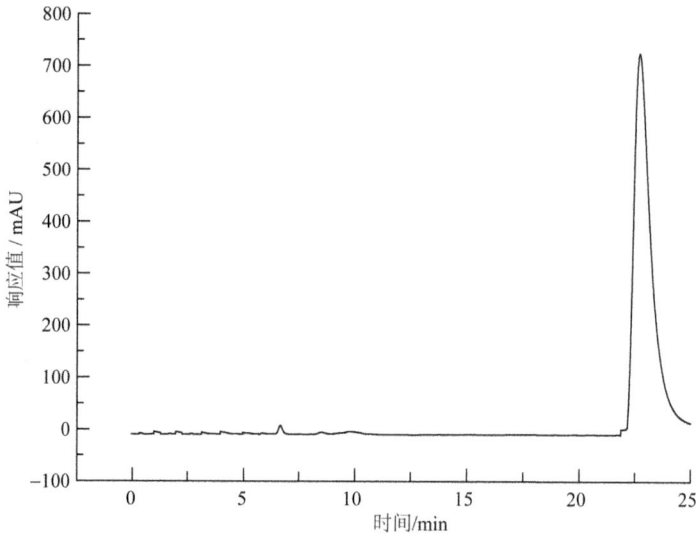

图 5-10 花色素苷对照品的RP-HPLC图（280 nm）

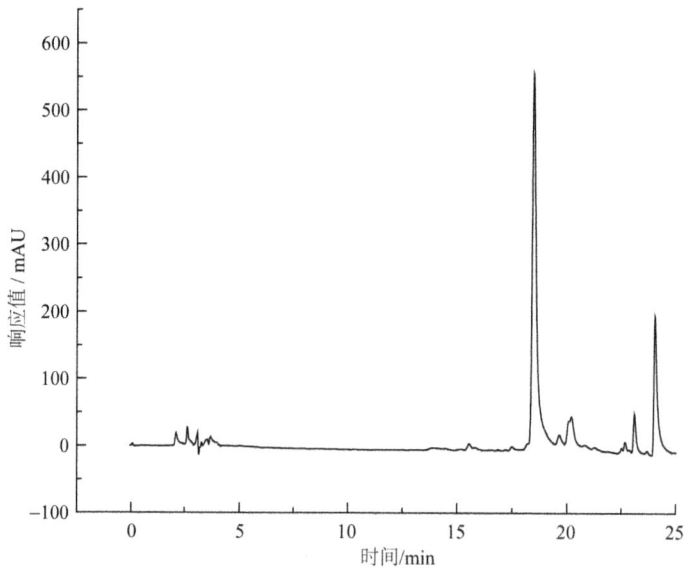

图 5-11 '聊红'槐花提取液的RP-HPLC图（280 nm，1-花色素苷）

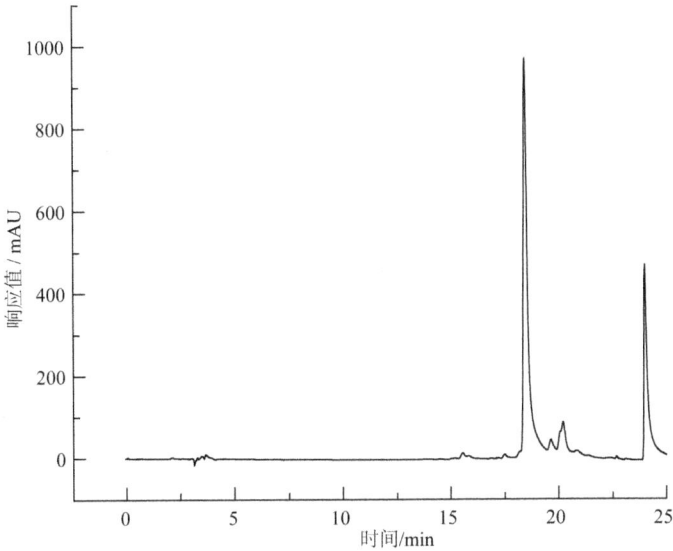

图 5-12　花色素苷提取液的RP-HPLC图（360 nm）

2）花色素苷的含量和变化规律

不同类型花瓣中的主要色素成分及含量见表 5-19。不同类型花瓣的花色素苷含量有差异。翼瓣的花色素苷含量最高，为 1.26%，其次为龙骨瓣，含量为 1.03%，而旗瓣的含量最少，为 0.31%。黄酮醇含量以旗瓣最高，为 2.81%，极显著地高于翼瓣和龙骨瓣。翼瓣和龙骨瓣的黄酮醇含量分别为 1.50%和 1.51%，二者无显著差异。

图 5-13 比较了相同类型花瓣中花色素苷与黄酮醇的含量。'聊红'槐各类型花瓣中花色素苷的含量低于黄酮醇。在旗瓣和龙骨瓣中，二者的含量差异极显著。

表 5-19　不同花瓣类型中色素成分及含量

色素成分及含量	旗瓣	翼瓣	龙骨瓣
花色素苷/%	0.31 Bb	1.26 Aa	1.03 Aa
黄酮醇/%	2.81 Aa	1.50 Bb	1.51 Bb

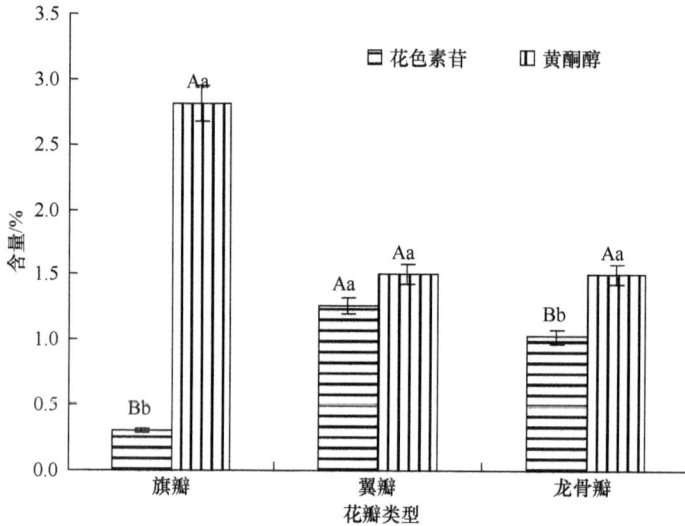

图 5-13　相同类型花瓣的色素含量比较

花不同发育期的主要色素成分及含量见表 5-20。花发育期间，花色素苷的含量呈升高-降低-升高的趋势：在现蕾初期，花色素苷的含量极低，为 0.02%；在蕾期，花色素苷的含量极显著增加到 0.22%；从蕾期到露瓣期，含量极显著降低；从露瓣期到盛花期，含量极显著增加到最高值，为 2.50%。花发育期间，黄酮醇的含量呈先升高后降低的趋势：从现蕾初期到蕾期，黄酮醇的含量极显著增加，并在蕾期达到最高值，为 2.72%；从蕾期到露瓣期，含量显著降低，从露瓣期到盛花期，含量无显著变化。

图 5-14 比较了相同发育期花的色素含量。从现蕾初期到露瓣期，黄酮醇的含量极显著高于花色素苷的含量。从始花期到盛花期，二者的含量差异不显著。

表 5-20　花不同发育期的色素成分及含量

色素成分及含量	现蕾初期	蕾期	露瓣期	始花期	盛花期
花色素苷/%	0.02 Ee	0.22 Dd	1.38 Cc	1.90 Bb	2.50 Aa
黄酮醇/%	2.12 Bb	2.72 Aa	2.22 ABb	2.02 Bb	2.20 ABb

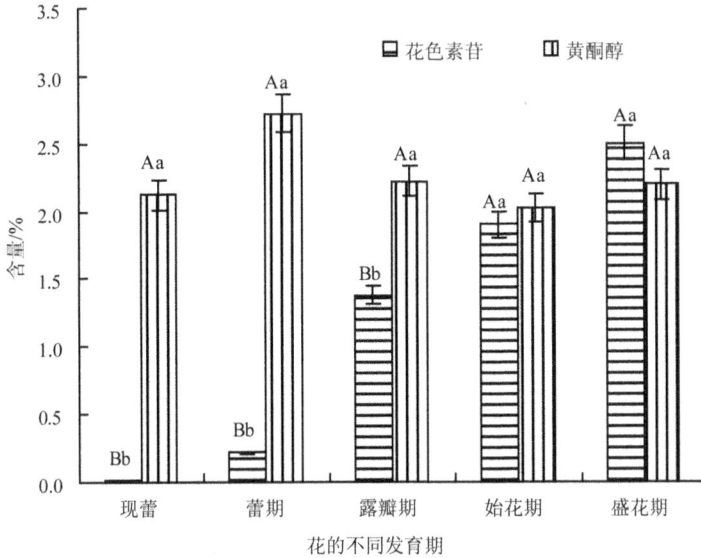

图 5-14 相同发育期花的色素含量比较

5.2 ‘聊红’槐果实中类黄酮物质的变化规律

5.2.1 试验材料与研究方法

试验材料为‘聊红’槐和国槐不同生育期（嫩荚Ⅰ期、嫩荚Ⅱ期、快速生长Ⅰ期、快速生长Ⅱ期、鼓粒期和成熟期）的荚果，以花蕾作对照。材料经过105℃杀青 20 min，90℃完全烘干，粉碎，过 60 目筛。标记后分别保存于干燥皿中。

1. 总黄酮含量的测定

测定方法同 5.1.1 和 5.1.2。

2. 芦丁、槐角苷、槲皮素和染料木素含量的测定

1）标准溶液的配制

称取 105℃减压干燥至恒重的芦丁对照品 10.0 mg，染料木素对照品 10.0 mg，

槲皮素对照品 5.0 mg，槐角苷对照品 5.0 mg，分别置于 10 ml 小烧杯中，加少量水，水浴加热使之完全溶解，然后移入 10 ml 容量瓶中，加 80%乙醇定容至刻度，摇匀，即得 1.0 mg/ml 芦丁标准溶液，1.0 mg/ml 染料木素标准溶液，0.5 mg/ml 槲皮素标准溶液，0.5 mg/ml 槐角苷标准溶液。置 4℃冰箱保存待用。

2）色谱条件

Bondapak C$_{18}$ 柱（200 mm×4.6 mm，I.D. 5 μm），柱温为室温，流动相为甲醇：1%乙酸：乙腈=38：57：5，等度洗脱，流速为 1.0 ml/min，检测波长为 254 nm，进样量 20 μl。

3）标准曲线的制作

将配制的芦丁标准溶液和染料木素标准溶液稀释成 0.2 mg/ml、0.4 mg/ml、0.6 mg/ml、0.8 mg/ml、1.0 mg/ml，槲皮素标准溶液和槐角苷标准溶液稀释成 0.1 mg/ml、0.2 mg/ml、0.3 mg/ml、0.4 mg/ml、0.5 mg/ml，然后进样测定峰面积。分别以芦丁、染料木素、槲皮素、槐角苷对照品溶液浓度为横坐标，以峰面积积分值为纵坐标，绘制标准曲线，计算得回归方程。

4）样品的提取

称取花蕾和不同生育期的荚果 0.250 g，加 80%乙醇 10.00 ml 超声处理两次，每次 50 min，减压抽滤，然后把提取液定容至 50 ml。提取液过 0.45 μm 的微孔滤膜，取续滤液作为供试品溶液，置于 4℃冰箱保存待用。

5）样品含量的测定

吸取对照品和供试品溶液，通过反相高效液相色谱法，利用标准曲线测定含量。

5.2.2 荚果发育期间类黄酮物质的变化规律

1. 总黄酮含量的变化规律

不同发育期荚果的总黄酮含量如图 5-15 所示。荚果发育期间，总黄酮含量呈先升高后降低的趋势：从嫩荚Ⅰ期到嫩荚Ⅱ期，总黄酮含量升高；从嫩荚Ⅱ期到成熟期，总黄酮含量持续降低。'聊红'槐和国槐荚果的总黄酮含量在嫩荚Ⅱ期最高，分别为 29.20%和 25.28%；在成熟期最低，分别为 6.93%和 6.64%。'聊红'槐和国槐成熟荚果的总黄酮含量差异不显著。与花蕾相比，'聊红'槐和国槐成熟荚果的总黄酮含量分别减少了 63.6%和 64.2%。

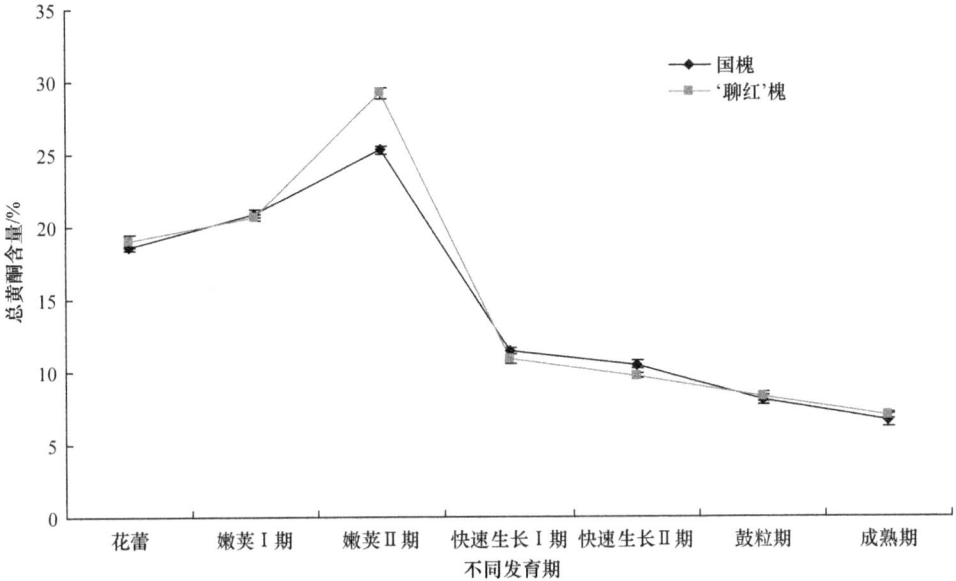

图 5-15　荚果发育期间总黄酮含量的变化

2. 芦丁、槐角苷、槲皮素和染料木素含量的变化规律

1）对照品的 RP-HPLC 图

4 种对照品标准溶液的出峰时间和峰面积分别为芦丁：11.8 min，峰面积：29 689（图 5-16）；槐角苷：12.6 min，峰面积：48 988（图 5-17）；槲皮素：31.7 min，峰面积：59 150（图 5-18）；染料木素：37.2 min，峰面积：73 496（图 5-19）。

2）标准曲线

芦丁对照品溶液的浓度分别为 0.2 mg/ml、0.4 mg/ml、0.6 mg/ml、0.8 mg/ml、1.0 mg/ml，高效液相色谱测得的峰面积分别为 6124.600、10 457.964、18 745.852、23 458.478、29 689.220，由此得出芦丁的标准曲线为：$y = 29\,819x - 163.67$，$R^2 = 0.995\,3$（图 5-20）。

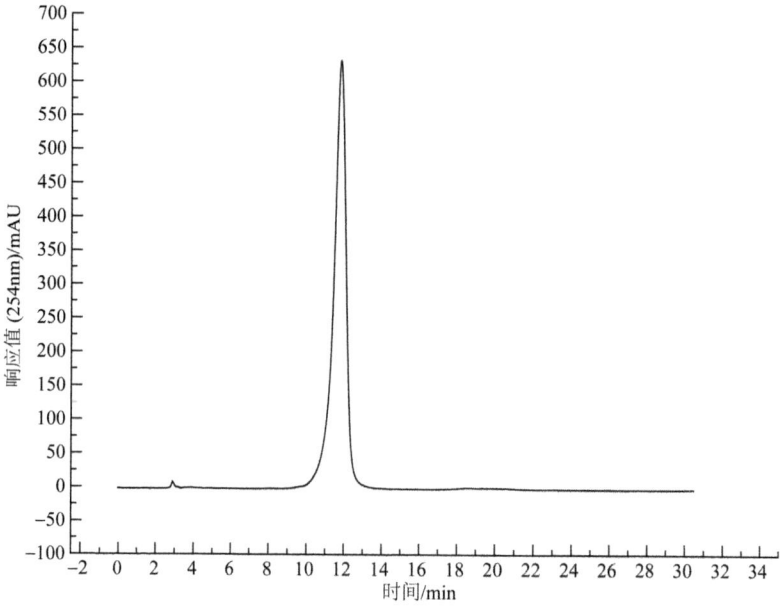

图 5-16　芦丁对照品的RP-HPLC图

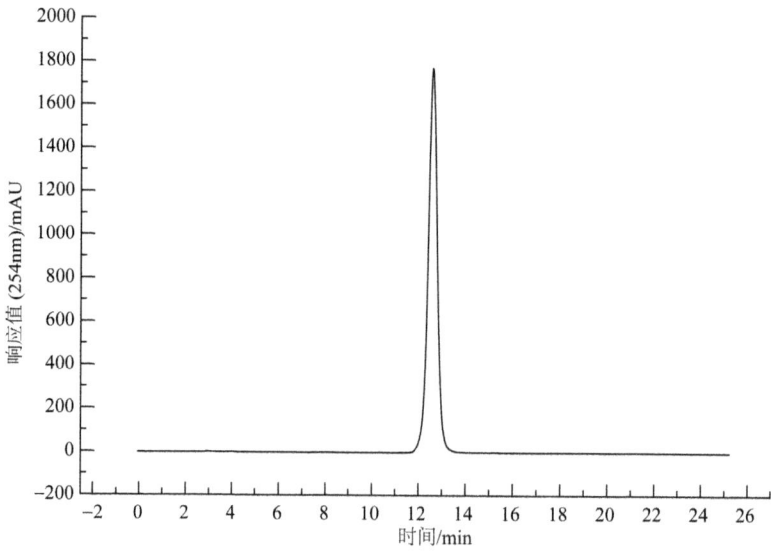

图 5-17　槐角苷对照品的RP-HPLC图

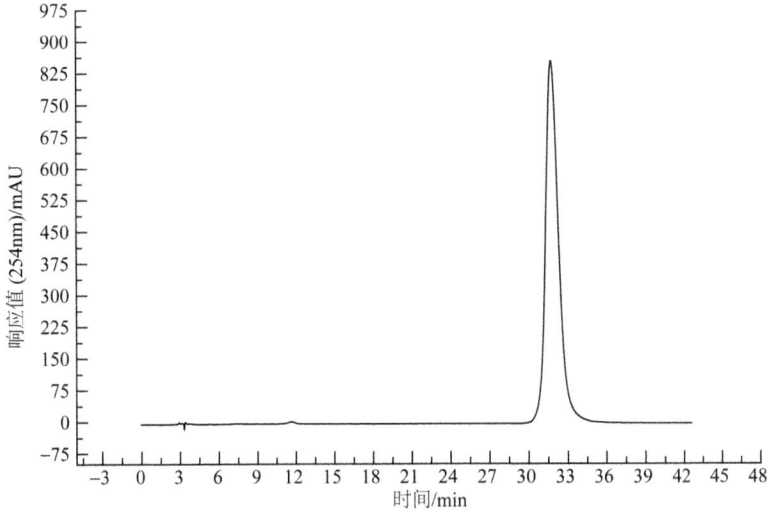

图 5-18 槲皮素对照品的RP-HPLC图

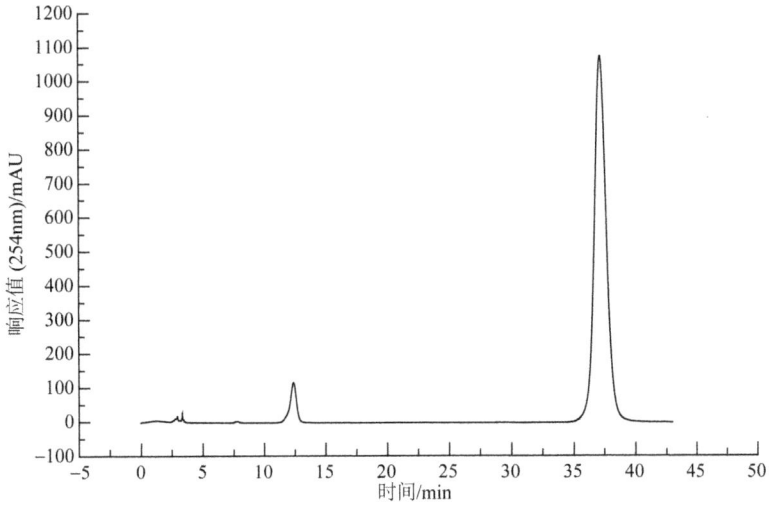

图 5-19 染料木素对照品的RP-HPLC图

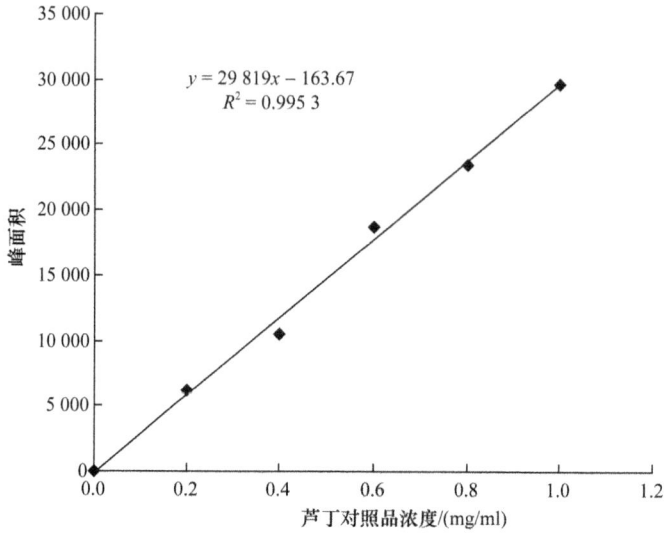

图 5-20　芦丁的标准曲线

槐角苷对照品溶液的浓度分别为 0.1 mg/ml、0.2 mg/ml、0.3 mg/ml、0.4 mg/ml、0.5 mg/ml，高效液相色谱测得的峰面积分别为 9658.648、18 542.000、28 945.658、38 745.647、48 988.000，由此得出槐角苷的标准曲线为：$y = 97\,887x-325.1$，$R^2=0.999\,5$（图 5-21）。

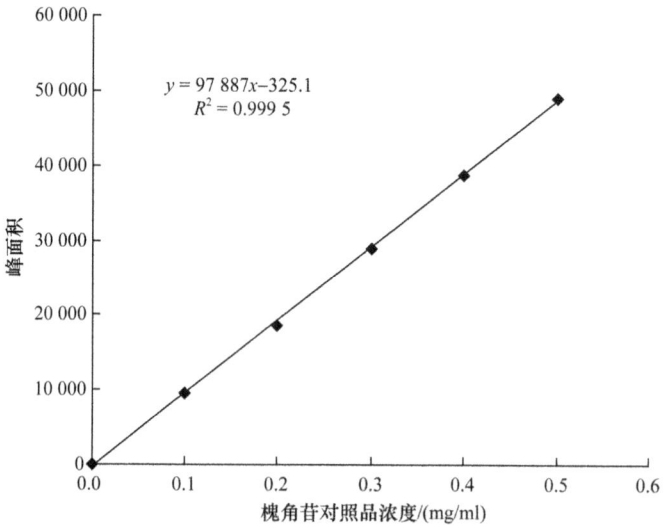

图 5-21　槐角苷的标准曲线

槲皮素对照品溶液的浓度分别为 0.1 mg/ml、0.2 mg/ml、0.3 mg/ml、0.4 mg/ml、0.5 mg/ml，高效液相色谱测得的峰面积分别为 11 498.544、25 082.920、34 580.992、42 191.584、59 150.000，由此得出槲皮素的标准曲线为：$y = 113\,522x + 370.16$，$R^2 = 0.9907$（图 5-22）。

染料木素对照品溶液的浓度分别为 0.2 mg/ml、0.4 mg/ml、0.6 mg/ml、0.8 mg/ml、1.0 mg/ml，高效液相色谱测得的峰面积分别为 16 158.458、28 845.230、42 158.758、60 145.254、73 496.000，由此得出染料木素的标准曲线为：$y = 73\,251\,x + 175.34$，$R^2 = 0.997\,9$（图 5-23）。

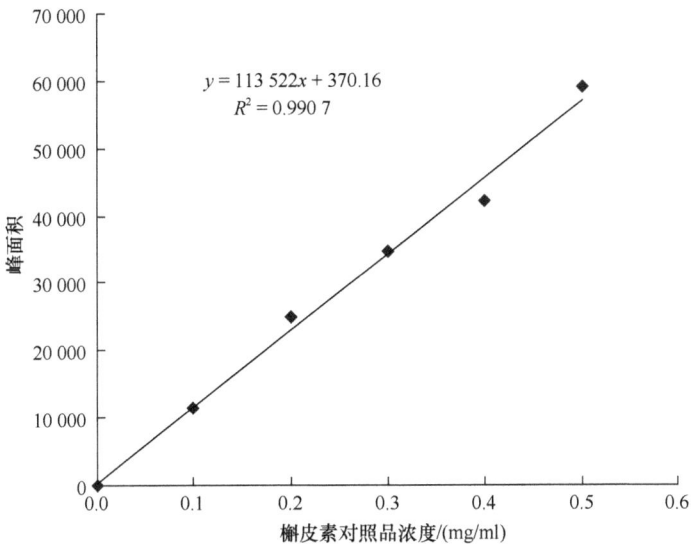

图 5-22　槲皮素的标准曲线

3）精密度试验

选择相同浓度的对照品溶液，连续进样 5 次，每次进样 10 μl。记录色谱图，计算峰面积。芦丁、槐角苷、槲皮素和染料木素溶液的 RSD（$n=5$）分别为 0.28%、0.63%、0.39%、0.36%，表明精密度良好。

4）稳定性试验

取对照品溶液，按照以上色谱条件每 10 h 进样一次，共 5 次，测定峰面积。测得芦丁、槐角苷、槲皮素和染料木素溶液的 RSD 分别为 0.51%、0.94%、0.58% 和 0.74%，表明对照品溶液在 40 h 内稳定。

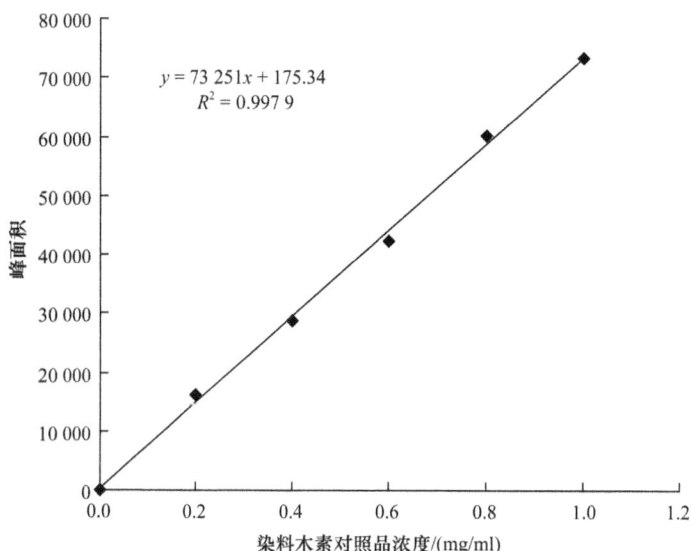

图 5-23　染料木素的标准曲线

5）回收率试验

各取'聊红'槐和国槐供试品 5 份，分别加入不同量的芦丁、槐角苷、槲皮素和染料木素对照品，按上述方法，测得平均回收率分别为 98.58%（RSD=0.44%）、100.08%（RSD=0.77%）、99.83%（RSD=0.69%）和 100.99%（RSD=0.85%），表明回收率较好。

6）荚果发育期间芦丁、槐角苷、槲皮素和染料木素含量的变化规律

表 5-21 为'聊红'槐和国槐荚果不同发育期的黄酮类物质的含量。'聊红'槐和国槐荚果中均未检测出槲皮素，仅花蕾中含有槲皮素，'聊红'槐和国槐的含量分别为 1.56%和 1.48%。

荚果发育期间，芦丁含量呈先升高后降低的趋势。'聊红'槐和国槐荚果的芦丁含量在嫩荚 II 期最高，分别为 28.9%和 24.6%；在成熟期最低，分别为 0.94%和 0.78%。'聊红'槐和国槐花蕾的芦丁含量分别为 13.7%和 15.5%，分别是成熟荚果的 14.8 倍和 19.9 倍。

'聊红'槐和国槐花蕾中未检测出槐角苷和染料木素。槐角苷与染料木素在快速生长 I 期开始出现，随着荚果的生长发育，含量逐渐升高，在成熟期达到最高。'聊红'槐成熟荚果的槐角苷和染料木素含量分别为 6.90%和 0.283%。国槐成熟荚果的槐角苷和染料木素含量分别为 7.23% 和 0.130%。‘聊红’槐成熟荚果的槐角苷含量低于国槐，染料木素含量是国槐的 2.18 倍。

表 5-21 荚果不同发育期黄酮类物质的含量

发育期	国槐黄酮类物质的含量/%				‘聊红’槐黄酮类物质的含量/%			
	芦丁	槐角苷	槲皮素	染料木素	芦丁	槐角苷	槲皮素	染料木素
蕾期	15.5	—	1.48	—	13.7	—	1.56	—
嫩荚Ⅰ期	20.8	—	—	—	20.5	—	—	—
嫩荚Ⅱ期	24.6	—	—	—	28.9	—	—	—
快速生长Ⅰ期	9.27	2.36	—	0.102	7.22	3.57	—	0.268
快速生长Ⅱ期	3.15	5.11	—	0.135	3.42	5.25	—	0.336
鼓粒期	1.02	6.83	—	0.101	1.18	6.85	—	0.264
成熟期	0.78	7.23	—	0.130	0.94	6.90	—	0.283

5.3 本 章 小 结

本章研究了‘聊红’槐花与果的次级代谢。植物的次级代谢是植物在长期进化中与环境相互作用的结果，次级代谢产物在植物提高自身保护和生存竞争能力、协调与环境关系上充当着重要的角色。植物的次级代谢产物可分为萜类、酚类和含氮次级代谢产物，不同的次级代谢产物对植物的生长发育和生殖都有着不同的功能，影响着植物的生活史进程。

研究了‘聊红’槐花和果实中类黄酮物质的积累规律。类黄酮类化合物是一大类天然产物，基本骨架为 C_6-C_3-C_6。根据 3 碳桥的氧化程度，类黄酮类可分为 4 种：花色素苷、黄酮、黄酮醇和异黄酮。在自然界中最常见的是黄酮和黄酮醇，芦丁和槲皮素属于黄酮醇类物质，槐角苷和染料木素属于异黄酮类物质。花色素苷是最普遍的有色类黄酮，它在 C 环部位 3 有糖基，如果去掉糖基，则称为花色素。‘聊红’槐花生长发育过程中，总黄酮含量以蕾期最高，为 17.80%。‘聊红’槐花的总黄酮含量均比同期国槐的少，但差异不显著。‘聊红’槐荚果生长发育过程中，总黄酮含量以嫩荚Ⅱ期最高，为 29.20%。‘聊红’槐成熟荚果的总黄酮含量为 6.93%，与国槐相比，差异不显著。

在优化的液相条件下测定'聊红'槐花的芦丁与槲皮素含量，方法简单，结果可靠，可作为'聊红'槐花中黄酮类成分分析的一个参考。'聊红'槐花的芦丁含量以蕾期最高，为 14.03%，显著低于同期国槐花的芦丁含量。'聊红'槐花的槲皮素含量以露瓣期最高，为 2.98%，极显著高于同期国槐花的槲皮素含量。

'聊红'槐花瓣中主要含有两种色素，显紫红色的为花色素苷，显黄色的为黄酮醇类。'聊红'槐各类型花瓣中花色素苷的含量低于黄酮醇。花色素苷含量以翼瓣最高，为 1.26%；旗瓣最少，为 0.31%。黄酮醇含量以旗瓣最高，为 2.81%；翼瓣最少，为 1.50%。这与花色的表观观察结果相对应。'聊红'槐花中花色素苷的提取最佳工艺条件为：提取溶剂为 0.5%三氟乙酸-2%甲酸-乙醇，料液比 1：15（m/V），提取时间 30 min。但是仅以矢车菊素的对照品的出峰时间的一致简单定量了花色素苷的含量，未进行花色素苷的结构鉴定。因此，'聊红'槐中花色素苷的种类还需进一步的试验确定。

通过 RP-HPLC 法测定了不同发育期荚果的芦丁、槐角苷、槲皮素和染料木素的含量。色谱条件为 Bondapak C_{18} 柱（200 mm×4.6 mm，I.D. 5 μm），柱温为室温，流动相为甲醇：1%乙酸：乙腈=38：57：5，等度洗脱，流速为 1.0 ml/min，检测波长为 256 nm，进样量 20 μl。此条件可以同时检测出 4 种黄酮类物质，并且重现性好，结果可靠，流动相简单经济。'聊红'槐和国槐荚果中均未检测出槲皮素。'聊红'槐荚果的芦丁含量在嫩荚Ⅱ期最高，为 28.9%，略高于国槐同期荚果的含量。'聊红'槐和国槐成熟荚果的芦丁含量分别为 0.94%和 0.78%。'聊红'槐荚果的槐角苷和染料木素含量以成熟期最高，分别为 6.90%和 0.283%。'聊红'槐成熟荚果的槐角苷含量低于国槐，染料木素含量是国槐的 2.18 倍。

第6章 ‘聊红’槐无性繁殖技术

作为目前流行的夏季红色系花乔木绿化树种之一，‘聊红’槐的市场需求量大，但‘聊红’槐果实易被鸟类取食，种子受病虫为害严重，且结果有大小年现象，有性繁殖的数量难以满足园林绿化的需要，而且有性繁殖会出现性状分离的现象。因此，研究‘聊红’槐的无性繁殖理论和技术，包括嫁接、扦插、组织培养繁殖，增加‘聊红’槐的苗木量，对加快‘聊红’槐在园林绿化中的应用步伐具有重要意义。本章对‘聊红’槐的嫁接、扦插、组织培养技术进行了研究，以期为‘聊红’槐的无性繁殖提供理论依据和技术支持。

6.1 硬 枝 扦 插

6.1.1 试验材料与研究方法

1. 试验地概况

试验地设在聊城大学生态园温室内。该地位于山东聊城，属暖温带季风气候区，半湿润大陆性气候。年平均气温 12.8~13.4℃，1 月最低气温–12℃，7 月最高气温 36℃。年降水量 567.7~637.7 mm，年均相对湿度 56%~68%。无霜期约 200 天。全年光照时间 2463~2741 h。

生态园温室内 3~5 月平均气温 21℃，空气相对湿度 70%~80%。

2. 试验材料

‘聊红’槐插条取自聊城大学‘聊红’槐培育基地，母株为 10 年生嫁接苗，选取生长健壮、无病虫害的枝条。

3. 试验方法

1）插床的准备

插床东西走向，长 10 m，宽 5 m，基质厚度约 30 cm。扦插前，用多菌灵 600 倍液对基质消毒，40%毒死蜱 800 倍液杀虫。

2）插条的制作

选择健壮、发育充实、无病虫害、再生能力强的 1 年生枝条作插条，剪去枝条顶部（直径<0.5 cm），余下部分剪成上、中、下三部分，直径范围分别为 0.5~0.7 cm、0.8~1.0 cm、1.1~1.3 cm，每段长约 14 cm，切口上平下斜，切口要平滑，下切口在芽下方 0.5 cm 处。

3）扦插的时间与方法

2009 年 3 月上旬扦插。扦插前浇透基质，并用木棒打孔，采用直插法，插入深度为插条长度的 2/3，插后压实插孔，扦插株行距为 7 cm × 8 cm。

4）试验设计

采用完全随机区组设计，重复 3 次，每个处理 30 根插条。激素处理插条基部 4 cm，处理时间为 6 h。试验内容如下。①破坏性试验：用 IBA 200 mg/L 处理 100 株中下部插条。每 5 天随机抽取插条，观察愈伤组织的形成和生根情况；②外源激素对生根的影响：外源激素分别为 ABT1 号生根粉（中国林业科学研究院提供，以下简称 ABT-1）、NAA、IBA。浓度分别为 100 mg/L、200 mg/L、300 mg/L、400 mg/L、500 mg/L。以清水处理作对照，河沙作扦插基质，下部枝条作插条；③基质对生根的影响：用 IBA 200 mg/L 处理中部插条，基质分别为河沙、草炭、珍珠岩、河沙：草炭（1：1，V/V）、草炭：珍珠岩（1：1，V/V）、河沙：草炭：珍珠岩（1：1：1，$V/V/V$）；④枝条部位对生根的影响：用 IBA 200 mg/L 处理上、中、下三段插条，基质为河沙；⑤插床温度对生根的影响：用 ABT-1 100 mg/L 浸泡中部插条，基质为河沙，插床温度分别为 18℃、10℃（扦插后 0~30 天白天的平均温度）；⑥浸泡方式对生根的影响：分别用 NAA 100 mg/L 和 NAA 500 mg/L 先浸泡下部插条上端 6 h，再浸泡下端 6 h，以用清水浸泡上端 6 h，再用对应浓度的 NAA 浸泡下端 6 h 为对照，扦插基质为河沙；⑦最优组合试验：采用 L$_{18}$（2×3^4）正交试验设计。试验因素和水平见表 6-1。

表 6-1　筛选最优组合正交试验的因素和水平

水平	因素				
	插床温度/℃（A）	激素种类（B）	激素浓度/（mg/L）（C）	枝条部位（D）	基质（E）
1	18	IBA	300	上	河沙
2	10	NAA	400	中	草炭+珍珠岩（1：1，*V/V*）
3	—	ABT-1	500	下	河沙+草炭+珍珠岩（1：1：1，*V/V/V*）

5）插后管理

保持棚内空气相对湿度 70%~80%，扦插初期，基质相对湿度 70%~80%，扦插后期基质相对湿度约 60%。扦插生根过程中要及时防治病虫害，药剂选用 50%多菌灵 1000 倍液，40%毒死蜱 1000 倍液，及时拔除苗床内杂草，促进扦插苗健壮生长。

6）调查统计

试验过程中，调查并记录愈伤组织形成期和生根期。试验结束后，调查统计插条的生根率、根数、根长、干重等。采用 Excel 2003 和 SPSS 16.0 处理数据。

6.1.2　硬枝扦插技术研究

1. 插条生根过程中的外部形态观察

‘聊红’槐硬枝扦插生根的过程大致可分为三个阶段：0~25 天为愈伤组织形成期，25~40 天为不定根形成期（图版Ⅳa）。扦插后 15 天，少数插条下切口形成层处长出白色的愈伤组织，它们是高度液泡化的薄壁组织，形成比较一致，细胞较大，细胞质浓，细胞核大，细胞不断进行平周分裂，愈伤组织逐渐膨大隆起，呈环状或片断状连接，将皮层、韧皮部和木质部覆盖，但并不完全覆盖木质部。大约 20 天，插条愈伤组织形成率约 70%，此时有少数插条的愈伤组织向外形成白色突起，白色突起逐渐突破愈伤组织形成不定根，至约 40 天，约有 60%的插条愈伤组织长出不定根来。‘聊红’槐硬枝扦插生根过程中，不定根从愈伤组织处产生，未发现皮层生根现象，因此，可以初步确定‘聊红’槐硬枝扦插生根的类型为愈伤组织生根型。

2. 外源激素对生根的影响

外源激素可以调节插条内部营养物质的分配、相关酶的活性和内源激素的作用表达，影响插条生根。激素种类、浓度对硬枝扦插生根率的影响见表 6-2，方差分析结果见表 6-3。激素种类、浓度对硬枝扦插生根率的影响差异极显著（$P<0.01$）。ABT-1 处理的生根率为 55.3%，极显著地高于 NAA 处理的生根率（47.6%），但与 IBA 处理（53.8%）相比，差异不显著。激素浓度以 300 mg/L 最佳，其次是 200 mg/L 和 400 mg/L，低浓度（100 mg/L）和高浓度（500 mg/L）处理的生根率较低。激素种类与浓度的交互作用不显著（$P>0.05$）。对生根率进行多重比较，最佳处理为 ABT-1 300 mg/L，生根率为 68.9%。

表 6-2 激素种类、浓度对硬枝扦插生根率的影响

激素种类	激素浓度/（mg/L）					
	100	200	300	400	500	Xa
IBA	45.6 BCc	55.6 ABbc	61.1 ABab	55.6 ABbc	51.1 Bbc	53.8 ABa
NAA	33.3 Cd	48.9 BCbc	51.1 Bbc	54.5 ABbc	50.0 BCbc	47.6 Bb
ABT-1	47.8 BCbc	60.0 ABab	68.9 Aa	54.4 ABbc	45.5 BCc	55.3 Aa
Xb	42.2 Cc	54.8 ABab	60.4 Aa	54.8 ABab	48.9 BCb	—

注：采用 Duncan 新复极差法进行多重比较，大写字母表示 1%差异水平，小写字母表示 5%差异水平，全书后同。Xa 为不同激素的平均生根率，Xb 为不同浓度的平均生根率。

表 6-3 激素种类、浓度对生根率影响的方差分析

变异来源	平方和	自由度	均 方	F 值	显著水平
激素种类间	175.0090	2	87.5045	5.4320	0.0097**
激素浓度间	588.2468	4	147.0617	9.1290	0.0001**
种类×浓度	197.5587	8	24.6948	1.5330	0.1877
误 差	483.2929	30	16.1098		
总变异	1444.1070	44			

3. 扦插基质对生根的影响

表 6-4 为不同扦插基质中的插条生根率和根干重。可以看出，与单一基质相比，混合基质能够显著提高插条的生根率和根干重。多重比较结果表明，草炭：

珍珠岩处理的生根率最高，为 66.7%，其次为河沙，生根率为 64.4%，二者无显著差异。在根干重方面，河沙：草炭：珍珠岩处理最好，为 0.23 g，与其他处理差异极显著，其次为草炭：珍珠岩和河沙，根干重均为 0.18 g。

表 6-4 不同扦插基质中的插条生根率和根干重

基质	河沙	草炭	珍珠岩	河沙：草炭 （1：1，V/V）	草炭+珍珠岩 （1：1，V/V）	河沙：草炭：珍珠岩（1：1：1，$V/V/V$）
生根率/%	64.4 Aa	53.3 ABa	40.0 Bb	60.0 Aa	66.7 Aa	61.1 Aa
根干重/g	0.18 Bc	0.15 Cd	0.11 De	0.18 Bc	0.20 Bb	0.23 Aa

珍珠岩通气性、保温性较好，但保水性较差，插条容易失水。草炭富含营养物质、保水性较好，但通气、透水性较差，插条容易腐烂。河沙通气性、透水性、保水性较好，但保温性较差。基质混合能够调节固液气的比例，保持温度，提高插条的生根率和根干重，但基质混合操作繁琐，且草炭价格较高，综合价格、操作繁简两个因素和生根率、根干重两个指标，'聊红'槐硬枝扦插的最佳基质为河沙。

4. 同一枝条不同部位的生根情况

从表 6-5 可以看出：生根率在同一枝条不同部位间存在差异，中部插条生根率最高，为 61.1%，下部插条次之，为 54.5%，上部插条最低，为 34.4%。不同部位插条的根数、根长也有差异，下、中部插条生根数较多，分别为 2.2 条和 2.0 条，处理间无显著差异，上部插条生根数最少，为 0.9 条。中部插条根长最长，为 8.1 cm，上部插条根长最短，为 3.9 cm。因此，'聊红'槐硬枝扦插以中、下部插条为宜，中部插条最佳。

表 6-5 同一枝条不同部位的生根情况

	生根率/%	根数/条	根长/cm
上部	34.4 Bb	0.9 Bb	3.9 Bb
中部	61.1 Aa	2.0 Aa	8.1 Aa
下部	54.5 ABa	2.2 Aa	7.3 Aa

同一枝条不同部位的生根状况存在差异，可能是由于不同部位内的内源激素、营养物质、抑制物质的含量和酶活性的差异引起的。另外，中下部插条切口较大，

愈伤组织形成的面积大，也利于生根。

5. 不同插床温度对生根的影响

提高插床温度能够显著的提高插条的生根率，缩短生根期（表 6-6）。与对照相比，插床温度提高 8℃，愈伤组织形成期缩短了 7 天，生根期缩短了 11 天，差异显著。生根率提高了 27.5%，差异极显著。

插床温度直接影响插条内各种酶的活性，进而影响插条组织呼吸、代谢等一系列生理功能，最终影响其生根。在扦插育苗中，通常调控插床温度来提高生根率，在我国北方地区，春季土温较低，不利于扦插生根，所以早春提高土温是扦插成功的关键之一。

表 6-6   不同插床温度下插条的生根情况

插床温度/℃	愈伤组织形成期/天	生根期/天	生根率/%
18	18 Ab	36 Ab	72.4 Aa
10	25 Aa	47 Aa	56.8 Bb

6. 浸泡方式对插条生根的影响

表 6-7 为不同浸泡方式下插条的生根情况。与对照相比，两端浸泡法能极显著改变地上部分萌芽期、生根期和生根率，这种改变与激素浓度显著相关。低浓度下（100 mg/L），两端浸泡法促进了地上部分的萌芽，使萌芽期比对照缩短了 5 天，使生根期延长了 12 天，生根率降低了 32.3%，差异极显著。高浓度下（500 mg/L），与对照相比，两端浸泡法使地上部分萌芽期延长了 19 天，生根期提前了 10 天，生根率提高了 34.7%，差异极显著。

表 6-7   浸泡方式对插条生根的影响

浸泡方式	地上部分萌芽期/天	生根期/天	生根率/%
1	39 Aa	37 Cc	68.7 Aa
CK1	20 Bbc	47 Bb	51.0 ABb
2	17 Bc	65 Aa	23.3 Cd
CK2	22 Bb	53 ABb	34.4 BCc

注：1、2 分别指用 500 mg/L 和 100 mg/L 的 NAA 浸泡插条两端。

在扦插初期，抑制地上部分萌芽，能促进营养物质向插条下部运输，还能改变激素的分布状态，从而促进插条愈伤组织和不定根的形成，但激素的处理浓度要适宜，浓度过低会促进地上部分萌芽，抑制插条基部生根，过高则可能导致不萌芽，不生根。两端浸泡法实际上是"抑上促下"的一种方式，如郭建和等（2002）在刺槐的硬枝扦插中，采用两次抹芽的措施，提高了成活率。

7. 扦插生根的最优因素组合

方差分析（表 6-8）表明，插床温度、枝条部位和激素浓度对生根率的影响达极显著水平（$P<0.01$），激素种类对生根率的影响达显著水平（$P<0.05$），基质对生根率的影响不显著（$P>0.05$）。正交试验结果表明（表 6-9），各因素对生根率的影响作用大小排序为枝条部位>激素浓度>插床温度>激素种类>基质，极差值分别是 15.8、10.0、9.0、7.8、4.9。

表 6-8　正交试验方差分析表

变异来源	平方和	自由度	均方	F 值	显著水平
插床温度	365.400 56	1	365.400 56	32.772 17	0.000 44**
激素种类	182.173 33	2	91.086 67	8.169 41	0.011 67*
激素浓度	300.000 00	2	150.000 00	13.453 25	0.002 76**
枝条部位	752.310 00	2	376.155 00	33.736 71	0.000 13**
基质	79.863 33	2	39.931 67	3.581 40	0.077 49
误差	89.197 78	8	11.149 72		
总和	1768.945 00				

从平均值可以看出，枝条部位的排序为 2>3>1，即中部插条生根率最高，下部次之，上部最低。激素浓度的排序为 1>2>3，即 300 mg/L 最佳，400 mg/L 次之，500 mg/L 最差。插床温度的排序为 1>2，说明提高插床温度能显著提高生根率。激素种类的排序为 3>1>2，即 ABT-1 处理生根率最高，IBA 次之，NAA 最低。基质的排序为 3>1>2，即河沙+草炭+珍珠岩处理的生根率最高，河沙次之，草炭+珍珠岩最低。河沙+草炭+珍珠岩处理与河沙处理的生根率差异不显著，因此，选择河沙作最佳基质。通过分析各因素和水平的主次顺序，最优处理组合为A1B3C1D2E1，即处理 7：以河沙作基质，插床温度 18℃，用 ABT-1 300 mg/L 处理中部插条，生根率为 78.9%，与其他处理差异极显著。

表6-9　正交试验各因素水平排列及试验结果

处理号	A	B	C	D	E	生根率/%			平均
						I	II	III	
1	1	1	1	1	1	56.7	66.7	53.3	58.9
2	1	1	2	2	2	76.7	70.0	70.0	72.2
3	1	1	3	3	3	53.3	60.0	50.0	54.4
4	1	2	1	1	2	66.7	63.3	53.3	61.1
5	1	2	2	2	3	66.7	70.0	60.0	65.6
6	1	2	3	3	1	50.0	56.7	43.3	50.0
7	1	3	1	2	1	83.3	80.0	73.3	78.9
8	1	3	2	3	2	63.3	73.3	53.3	63.3
9	1	3	3	1	3	46.7	50.0	46.7	47.8
10	2	1	1	3	3	53.3	60.0	43.3	52.2
11	2	1	2	1	1	46.7	40.0	50.0	45.6
12	2	1	3	2	2	66.7	70.0	56.7	64.5
13	2	2	1	2	3	56.7	60.0	50.0	55.6
14	2	2	2	3	1	56.7	50.0	46.7	51.1
15	2	2	3	1	2	46.7	40.0	33.3	40.0
16	2	3	1	3	2	63.3	70.0	60.0	64.4
17	2	3	2	1	3	40.0	46.7	43.3	43.3
18	2	3	3	2	1	50.0	53.3	60.0	54.4
K1	552.2	471.1							
K2	338.9	318.9	365.5						
K3	371.1	341.1	311.1						
K4	296.7	391.2	335.4						
K5	347.8	323.4	352.1						
X1	61.3	52.3							
X2	56.4	53.1	60.9						
X3	61.8	56.8	51.8						
X4	49.4	65.2	55.9						
X5	57.9	53.9	58.6						
R	9.0	7.8	10.0	15.8	4.9				

6.2 组 织 培 养

6.2.1 试验材料与研究方法

1. 试验材料

外植体分别为幼叶和嫩茎段，材料取自'聊红'槐 10 年生嫁接苗，来源于聊城大学'聊红'槐繁育基地。

2. 试验方法

试验中若无特殊说明，培养基均附加蔗糖 20 g/L，琼脂 5 g/L，温度（25±2）℃，每天光照 14 h，光照强度 3000~4000 lx，每个处理接种 10 瓶，重复 3 次，20 天转接 1 次。

1）无菌培养体系的建立

（1）外植体的采集

外植体为嫩茎段和叶片。2009 年 4 月从'聊红'槐枝条上取当年萌生的嫩梢和幼叶，嫩梢长约 5 cm，不带顶芽。在含 1%洗衣粉的洗涤液中漂洗 20 min，用毛刷轻刷表面，再在流水下冲洗 1 h，蒸馏水冲洗 1 h，最后放入烧杯中待用。

（2）外植体的灭菌处理和接种

外植体的灭菌处理和接种在超净工作台上进行。将经过高压灭菌的无菌水、烧杯、剪刀、镊子、培养皿、培养基等放入超净工作台，工作台内还应包括酒精灯、打火机、70%乙醇、0.1%氯化汞、乙醇棉球等。超净工作台用紫外灯照射 20 min 后，进行外植体的灭菌处理和接种，具体做法是：将材料放入无菌烧杯中，先用 70%的乙醇处理，无菌水冲洗 2~3 次，再用 0.1%氯化汞处理，无菌水冲洗 3 次。在用乙醇、氯化汞处理时，轻轻摇动小烧杯，使材料与乙醇、氯化汞充分接触，用无菌水冲洗的时间不少于 2 min，以便把药液冲洗彻底。把冲洗后的材料放到放有滤纸的培养皿中，让滤纸吸干材料表面的水分，最后把材料接种到培养基上。接种前，茎段要用剪刀剪掉与药液接触的部分，每个茎段带 2 个节，叶片面积约 0.5 cm²。

（3）外植体无菌培养体系试验设计

为了确定各外植体最佳的无菌培养体系，乙醇和氯化汞分别设置不同的处理时间。70%乙醇设 10 s、20 s、30 s 3 个水平，0.1%氯化汞设 8 min、10 min、12 min 3 个水平。14 天后调查污染率、死亡率。

2）初代培养

（1）嫩茎段的初代培养

2009 年 4 月 10 日接种嫩茎段，以 MS 为基本培养基，设置激素和光照强度两个因素，附加激素分别为 6-BA 1.0 mg/L + NAA 0.1 mg/L、6-BA 1.0 mg/L + NAA 0.2 mg/L、6-BA 1.0 mg/L + NAA 0.3 mg/L，光照强度设置 2500~3000 lx、3500~4000 lx 两个水平。每瓶接种 2 个茎段，pH 5.8~6.0。30 天后调查侧芽诱导率。

（2）叶片的初代培养

2009 年 4 月 11 日接种叶片，以 MS 为基本培养基，附加激素分别为 6-BA 3.0 mg/L + IAA 0.05 mg/L（A）、6-BA 3.0 mg/L + IAA 0.1 mg/L（B）、6-BA 3.0 mg/L + IAA 0.15 mg/L（C）。每瓶接种 6 块，每块面积约 0.5 cm^2。60 天后统计分化率和分化系数。

3）继代培养

初代培养诱导出的不定芽长至 0.5~1.0cm 时，进行芽的增殖培养。增殖系数是衡量扩繁能力的一个指标，本试验采用由一个外植体芽增殖的芽数来计算。继代培养以 MS 为基本培养基，激素组合见表 6-10。每瓶接种 4 个不定芽。40 天后统计增殖系数。

表 6-10　增殖培养试验的因素和水平

处理号	6-BA/（mg/L）	NAA/（mg/L）
1	1.0	0.1
2	1.0	0.2
3	2.0	0.1
4	2.0	0.2

4）生根诱导

当不定芽长至约 2.0 cm 时，转接入大量元素和蔗糖减半的生根培养基中，进行生根诱导，30 天后统计生根率。

（1）基本培养基、激素种类和浓度对生根的影响

采用 L$_9$（3^3）正交试验设计，因素与水平见表 6-11。

表 6-11 生根培养正交试验的因素和水平

水平	因素		
	培养基类型	激素种类	激素浓度/（mg/L）
1	1/2WPM	ABT-1	0.1
2	1/2MS	IBA	0.3
3	1/2B$_5$	NAA	0.5

（2）活性炭对生根的影响

以 1/2MS 为基本培养基，附加 IBA 0.3 mg/L，添加活性炭，活性炭含量分别为 0.1%、0.2%、0.3%。

5）炼苗移栽

当根长至约 2.0 cm 时，将瓶盖打开，在室温散射光下炼苗 3 天，然后取出小苗，洗净培养基，移栽入基质中。移栽前 7 天用多菌灵可湿性粉剂 600 倍液对基质消毒，40%毒死蜱 800 倍液杀虫。移栽前，用蒸馏水浇透基质，然后移入小苗，压实，移栽时要不时进行喷雾，防止小苗失水萎蔫。移栽完毕后，将植株放入温室中培养，保持基质相对湿度 60%~80%，空气相对湿度 70%~80%，温度 22~27℃。

设置基质、营养液两个因素，研究其对组培苗移栽成活率的影响，基质分别为河沙、草炭、蛭石、河沙：草炭（1：1，V/V）、草炭：蛭石（1：1，V/V）。每 4 天用 50 ml 1/4MS 大量元素灌根一次，以浇灌蒸馏水为对照。每个处理移栽 50 株，30 天后统计成活率。

6.2.2 无菌培养体系的建立

外植体无菌培养体系的建立是组织培养的第一步，外植体的表面消毒既要保持组织的活性，又要把材料表面的细菌杀死。同一消毒体系对不同器官的消毒效果不同，不同器官对消毒剂的敏感性也不相同。

表 6-12 为不同灭菌处理对叶片和嫩茎段接种效果的影响。可以看出，嫩茎段的灭菌效果以处理 5 最好，即 70%乙醇 20 s，0.1%氯化汞 10 min，死亡率为 0.0%，污染率为 16.7%；叶片的灭菌效果以处理 7 最好，即 70%乙醇 30 s，0.1%氯化汞 8 min，死亡率为 6.7%，污染率为 20.0%。

表 6-12 不同灭菌处理对叶片和嫩茎段接种效果的影响

处理	70%乙醇/s	0.1%氯化汞/min	嫩茎段		叶片	
			死亡率/%	污染率/%	死亡率/%	污染率/%
1	10	8	0.0	100.0	0.0	100.0
2	10	10	0.0	100.0	0.0	100.0
3	10	12	0.0	86.7	0.0	100.0
4	20	8	0.0	53.3	0.0	100.0
5	20	10	0.0	16.7	0.0	83.3
6	20	12	10.0	20.0	0.0	36.7
7	30	8	10.0	16.7	6.7	20.0
8	30	10	20.0	10.0	26.7	20.0
9	30	12	33.3	10.0	33.3	10.0

注：污染率 =（污染瓶数／接种瓶数）×100%，死亡率 =（死亡个数／接种个数）×100%。

6.2.3 初代培养

1. 激素配比与光照强度对嫩茎段侧芽诱导率的影响

培养基中细胞分裂素与生长素的浓度和比例能够诱导侧芽的萌发和不定芽的分化，光对植物的形态建成有显著影响。激素配比与光照强度对嫩茎段侧芽诱导率的影响如图 6-1 所示，方差分析见表 6-13。光照强度、激素配比对侧芽的诱导率有极显著影响（$P<0.01$）。3500~4000 lx 的诱导率极显著高于 2500~3000 lx，6-BA 与 NAA 比例为 5 时诱导率最高。最佳处理为 MS + 6-BA 1.0 mg/L + NAA 0.2 mg/L，光照强度 3500~4000 lx，诱导率为 84.2%。光照强度强有利于侧芽的萌发（图版Ⅳb），可能是因为'聊红'槐为阳性树种，生长发育需要较高的光强。

2. 激素配比对叶片分化率和分化系数的影响

从叶片的分化情况可以看出（图 6-2）：各处理对分化率有显著影响，对分化系数有极显著影响。处理 B 的分化率和分化系数最高，分别是 86.1%和 28.5，因此，MS 培养基附加 6-BA 3.0 mg/L + IAA 0.1 mg/L 是'聊红'槐叶片最佳分化培养基。

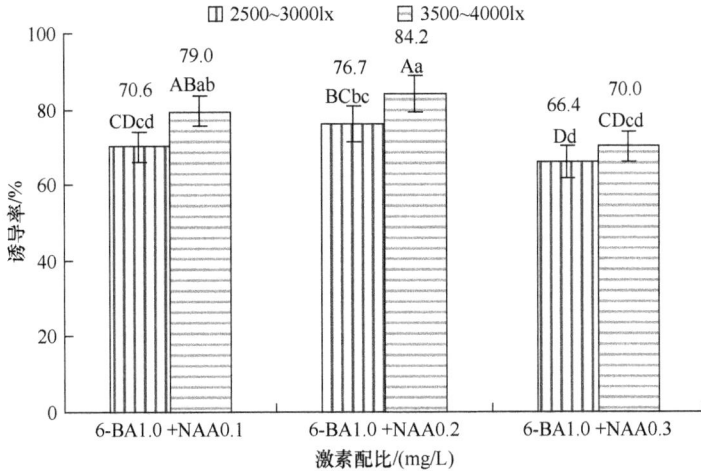

图 6-1　激素与光照强度对嫩茎段侧芽诱导率的影响

表 6-13　激素与光照强度对嫩茎段侧芽诱导率影响的方差分析

变异来源	平方和	自由度	均方	F 值	显著水平
光照强度	109.8718	1	109.8718	28.176	0.0018[**]
激素配比	204.3249	2	102.1625	26.199	0.0011[**]
光照强度×激素配比	11.0236	2	5.5118	1.413	0.3141
误差	23.3966	6	3.8994		
总变异	348.6169	11			

　　初代培养前期，叶片的边缘和与培养基接触的一面形成大量突起，直接分化形成不定芽。培养后期，叶片形成愈伤组织，少数不定芽由愈伤组织分化形成（图版Ⅳc）。

6.2.4　继代培养

　　细胞分裂素能促进丛生芽的形成，生长素能诱导生根和促进生长，二者的相对浓度能够调控分化的进程。细胞分裂素的效应高于生长素时，诱导愈伤组织再分化和形成芽原基。

　　表 6-14 是'聊红'槐不定芽的增殖情况。处理 1 增殖系数最高，为 4.6，处理 2 最低，为 3.2。1、3、4 号处理间无显著差异，说明 6-BA 与 NAA 的比例在

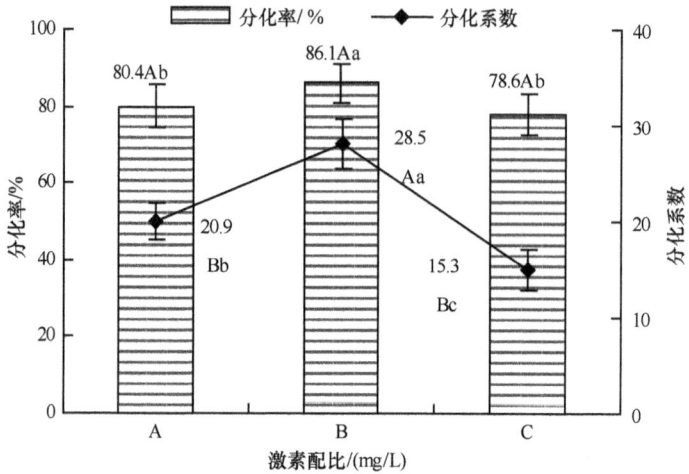

图 6-2　激素配比对叶片分化率和分化系数的影响

分化率 =（分化的叶片块数/总叶片块数）× 100%；分化系数 =（分化芽数/最初叶片数）× 100%

10~20 均能较好的诱导不定芽的增殖。'聊红'槐不定芽增殖培养的最佳培养基为 MS + 6-BA 1.0 mg/L + NAA 0.1 mg/L，增殖系数为 4.6（图版Ⅳd）。

表 6-14　不同激素配比对不定芽增殖系数的影响

处理号	6-BA/（mg/L）	NAA/（mg/L）	增殖系数
1	1.0	0.1	4.6 Aa
2	1.0	0.2	3.2 Bb
3	2.0	0.1	4.4 ABa
4	2.0	0.2	4.0 ABa

6.2.5　生根诱导

1. 不同因素对不定芽生根的影响

培养基类型、激素种类和浓度对生根率的影响见表 6-15。正交试验结果表明，各因素对生根率的影响作用大小排序为培养基类型>激素种类>激素浓度，极差值分别是 18.4、16.0、8.3。从各水平的平均值可以看出，培养基类型的排序为 1>3>2，即 1/2MS 为最佳基本培养基。激素种类的排序为 2>1>3，即 IBA 是适宜的诱导生根激素。激素浓度的排序为 2>1>3，即最佳浓度为 0.3 mg/L。因此，处理 2 为最佳生根培养基，即 1/2MS + IBA 0.3 mg/L，生根率为 46.7%。

在植物组织培养中，基本培养基类型、激素种类和浓度都影响不定根的发生。在基本培养基中，MS 是应用最广泛的培养基，WPM 为木本植物常用的培养基，B_5 则是豆科植物常用的培养基。研究表明，大量元素和蔗糖含量高不利于生根，因此，在生根诱导中通常采用大量元素和蔗糖减半的培养基。‘聊红’槐组培生根的类型为愈伤组织生根型，愈伤组织的形成是生根的必要条件，但愈伤组织体积过大，会抑制不定根的发生。在‘聊红’槐不定芽生根诱导中（图版Ⅳ，e），ABT-1 和 NAA 使不定芽基部产生大量愈伤组织，降低了生根率。

表 6-15 正交试验各因素水平排列及试验结果

处理号	培养基类型	激素种类	激素浓度/（mg/L）	生根率/%
1	1（1/2MS）	1（ABT）	1（0.1）	30.0
2	1	2（IBA）	2（0.3）	46.7
3	1	3（NAA）	3（0.5）	11.7
4	2（1/2WPM）	1	2	10.0
5	2	2	3	15.0
6	2	3	1	8.3
7	3（1/2B_5）	1	3	15.0
8	3	2	1	16.3
9	3	3	2	10.0
K1	88.4	33.3	41.3	
K2	55.0	78.0	30.0	
K3	54.6	66.7	41.7	
X1	29.5	11.1	13.8	
X2	18.3	26.0	10.0	
X3	18.2	22.2	13.9	
R	18.4	16.0	8.3	

注：1/2MS、1/2WPM、1/2B_5 分别表示大量元素减半的 MS、WPM、B_5 培养基。

2. 活性炭对不定芽生根的影响

图 6-3 为活性炭对不定芽生根的影响。结果表明，培养基中加入 0.1%~0.3% 的活性炭均不利于生根，与对照相比，生根率极显著下降。

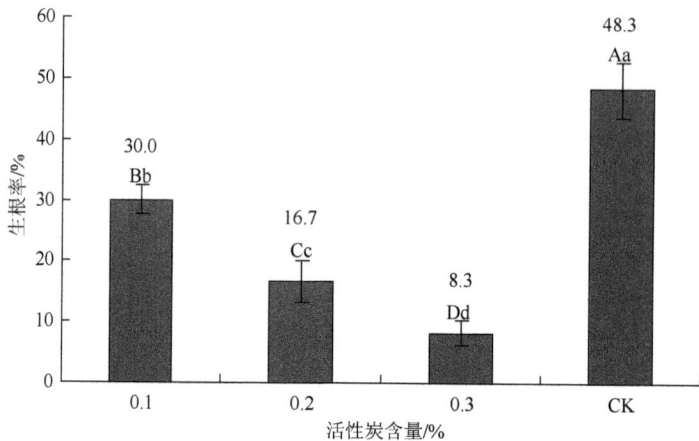

图 6-3　活性炭对不定芽生根的影响

光抑制根的分化、生长和发育，因此，在培养基中加入活性炭，创造黑暗环境有利于不定根的发生，这在许多植物的组织培养中得到了证实。但活性炭具有较强的吸附能力，能吸附培养基内的有效物质，降低生根率，因此，活性炭也不利于某些植物不定芽的生根。袁秀云等（2007）认为活性炭不利于国槐的生根培养。

6.2.6　炼苗移栽

基质、营养液对组培苗移栽成活率有极显著的影响（图6-4）。组培苗在草炭：蛭石、草炭中成活率较高，在河沙中成活率最低。与对照相比，基质中加入营养液能显著提高组培苗的移栽成活率。从各处理的多重比较可以看出，将组培苗移栽入草炭：蛭石（1：1，*V/V*）中，每 4 天浇灌一次 1/4MS 大量元素，成活率最高，为86%，与其他处理差异极显著。

试管苗的生长环境，如温度、湿度、营养等处于相对稳定的状态，如果移栽后的生长环境发生剧烈变化，组培苗就会因为难以适应而死亡。因此，需要进行试管苗的驯化，驯化的目的是人为创设一种由试管苗生境逐渐向自然环境过渡的条件，促进试管苗在形态、结构、生理方面向正常苗转化，使之更能适应外界环境，从而提高试管苗的移栽成活率。驯化的前期要创设与试管苗生境相似的条件，后期则创设与自然环境相似的条件。适合于栽种试管苗的基质要具备保湿性、透气性和保肥性的特点，草炭：蛭石能较好的调节固液气三相的比例，并具有一定的肥力，是适宜‘聊红’槐组培苗生长的基质（图版Ⅳf）。在移栽前期，浇灌 1/4MS 大量元素供植株吸收、同化，能促进植株健壮生长，提高成活率。

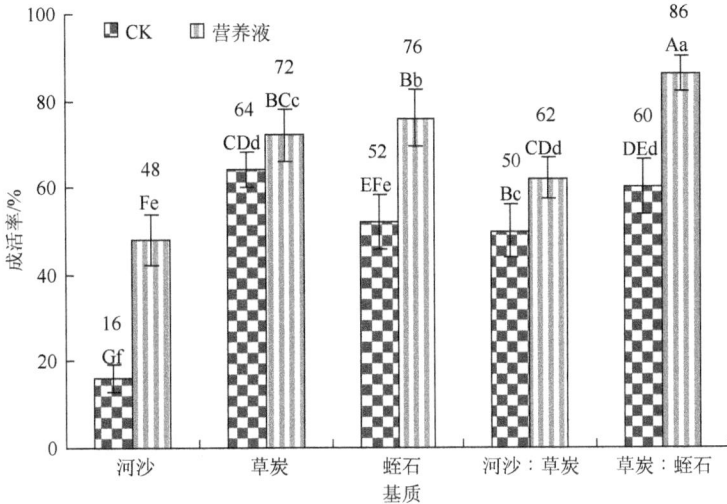

图 6-4　基质、营养液对组培苗移栽成活率的影响

6.3　嫁　　接

6.3.1　试验材料

接穗取自‘聊红’槐，来源于聊城大学‘聊红’槐培育基地。枝接的接穗选择芽体饱满、无病虫害、健壮的 1 年生枝条，接穗顶端留 2~3 个饱满芽，长度控制在 8.0~10.0 cm。接穗蜡封后，置于低温、湿润处备用。芽接时选择无病虫害、健壮的当年生枝条的饱满芽。

砧木取自国槐实生苗。要求主干顺直、树皮光滑无损伤、长势健壮、无病虫害。砧木的粗度和高度视嫁接目的而定，若作为行道树，砧木选用多年生，胸径6.0~15.0 cm 为宜，定干高度 2.5~3.0 m。若培育低干花木，砧木选用 1~3 年生，胸径 3.0~6.0 cm 为宜，定干高度 10.0~30.0 cm。

6.3.2　试验地概况

嫁接试验在聊城大学'聊红'槐栽培试验园内进行。聊城市地处北纬 35°47′~北纬 37°02′和东经 115°16′~东经 116°32′，具有明显的季节变化和季风气候特征，属半湿润大陆性气候。四季分明，干湿季节明显，光照充足，雨热同步，降水时空分布不均。全年光照时间 2463~2741 h，日照时数以夏季最多，冬季最少，日平均日照 8.4~9.4 h。年平均气温 12.8~13.4℃，月均气温 1 月最低，7 月最高。全年降水量为 567.7~637.3 mm。年均相对湿度为 56%~68%，以 8 月最大，为81%~82%；5 月最小，为 55%~59%。多南风和偏南风，出现频率为 15%~20%；年均风速 3.2~3.7 m/s，春季最大为 4.1~4.6 m/s。苗圃土壤为潮土，呈中性至微碱性，土壤 pH 为 7.5~8.0，管理粗放，水肥条件一般。

6.3.3　嫁接的时期和方法

嫁接繁殖技术参照高新一（2005）的方法。

1. 春季枝接

春季枝接有劈接和插皮接两种方式。

1）劈接

（1）嫁接时期

劈接一般于 4 月中上旬进行，在砧木芽即将萌动到发芽期嫁接均可，以砧木芽萌动时最为适宜，接穗则要求芽未萌动。选择晴朗的早晨或傍晚进行嫁接，忌雨天嫁接。

（2）砧木切削

在砧木树皮光滑无疤处，将砧木锯断，再用刀削平锯口。定干高度 2.5~3.0 m或 10.0~30.0 cm。用嫁接刀沿截面中心线由上至下垂直劈刀，形成劈口，劈口深3.0~4.0 cm。

（3）接穗切削

在穗条下端两侧各削一刀外宽内窄的平滑楔形斜面，长 3.0~4.0 cm。两侧的厚度视砧木粗度而定，如果砧木较粗，则要求楔形左右两边等厚，如果砧木较细，应使外侧稍厚于内侧。接穗切口上端要保留 2~3 个芽。

（4）接合

用嫁接刀把砧木劈口撬开，慢慢插入接穗，砧木劈口外侧形成层与接穗外侧形成层要准确对接，接合时接穗露白 0.5~1.0 cm。

（5）包扎

用塑料条由下向上包扎，将劈口、伤口和露白处全部包严，扎紧。较粗的砧木接多个接穗时，要用蜡将劈口封住，接穗上面套塑料袋并扎紧。接穗萌芽后，先在袋上剪一个小口通气，待芽长成后再除去塑料袋。

劈接时，接口嫁接数量一般根据砧木粗度和苗木培养要求而定，较细的砧木接一个接穗，较粗的砧木接多个接穗。高接换头可接 3~4 个接穗，接 3 头时可用三角法劈口，接穗上下相距 1.5~2.5 cm 为宜。接 4 头时可劈"十"字形，在一平面上插 4 根接穗。多头接时要特别注意劈口密封，高干换头时可考虑多留几个主侧枝分枝嫁接，可促使提早形成树冠。

2）插皮接

（1）嫁接时期

插皮嫁接在砧木形成层开始活动、树液流动、树木离皮时进行，选择晴朗的早晨或傍晚进行嫁接，忌雨天嫁接。

（2）接穗切削

选择接穗时，粗砧木要用较粗的接穗，细砧木要用较细的接穗。在接穗下端芽的背面削长 3.0~5.0 cm 的长削面，要求平滑并超过髓心，在长削面背面末端削成长 0.5~0.7 cm 的小斜面。接穗削面上部留 2~3 个芽。

（3）砧木切削

在砧木树皮光滑无疤处，将砧木锯断，再用刀削平锯口。定干高度 2.5~3.0 m 或 10.0~30.0 cm。选平滑顺直处，将砧木皮层垂直切一小口，长度为 2.0~4.0 cm。

（4）接合

用刀将树皮两边适当挑开，把接穗沿切口木质部与韧皮部中间插入，长削面朝向木质部，并使接穗背面对准切口正中，使双方的形成层相接触。削面"露白"0.3~0.5 cm。

（5）包扎

用塑料条由下向上进行包扎，将切削口包严，特别要注意将砧木的切口和接穗"露白"处包严。

根据砧木的粗度，插皮接也可接多个接穗，嫁接时接穗应均匀分布。春季插皮接是'聊红'槐最主要的嫁接繁殖方式。

2. 夏秋季芽接

芽接有"T"形芽接和嵌芽接两种方式。

1）"T"形芽接

（1）嫁接时期

"T"形芽接在 8 月进行，选择晴朗的早晨或傍晚进行嫁接，忌雨天嫁接。

（2）砧木切削

砧木可以选择 1~2 年生幼树，在砧木离地面 10.0~20.0 cm 处进行嫁接。也可以选择多年生国槐，在主干约 2.5 m 处产生的分枝上进行嫁接。选择砧木树皮光滑的一侧，横竖两刀切成"T"形切口。先切横刀，宽约为砧木粗度的 1/2，再切纵刀，纵刀口从横刀口的中央开始向下切，长约 2.0 cm，切口要深达木质部。

（3）接穗切削

接穗可以不带木质部，也可以带少量或全部木质部，这与切取接芽时横切的深浅有关，切得深则带木质部多，切得浅则带木质部少。从接穗的中段的芽上方 0.4~0.5 cm 处横切一刀，长约 1.0 cm，再从芽下方 1.5 cm 处向上削至芽上方 0.4 cm 处，扭取接芽。

（4）接合

左手拿住芽片，右手用刀把"T"形口皮层撬开，将接芽慢慢插入接口内，要求接芽上缘与接口处上皮层的边缘密接。

（5）包扎

用塑料薄膜由下而上把伤口包严。包扎时将芽片四周捆紧，露出芽和叶柄。

2）嵌芽接

（1）嫁接时期

嵌芽接一般在春季和秋后进行，选择晴朗的早晨或傍晚进行嫁接，忌雨天嫁接。

（2）砧木切削

胸径 3.0~6.0 cm 的砧木，可在离地约 10.0 cm 处去叶，自上而下斜切，切口要深达木质部，再在切口上方约 2.0 cm 处，自上而下带木质部切削，削至下部刀口处，取下削块。胸径 10.0~20.0 cm 的大砧木，在当年生枝切削，方法与小砧木相同。

（3）接穗切削

与砧木切削方法相同，接穗芽片大小要和砧木上切去的部分基本相等。

（4）接合

将芽片嵌入砧木切口中，下边要插紧，最好使双方接口四周的形成层都对齐。

（5）包扎

用塑料薄膜包扎，包扎时将芽片全部包严，不剪砧，不解绑，到翌年春季萌芽前，再剪砧、解绑。

6.3.4 嫁接后的管理

1. 固定

接穗容易被风吹折，因此，要立支柱固定接穗。待新梢长至约 20.0 cm 时，将立柱下端绑在砧木上，将新梢上端绑在立柱上。固定时，松紧要适宜，太松起不到固定作用，太紧则会损伤枝条。大树的固定工作通常要进行 2~3 次。

2. 解绑

塑料条和塑料袋能保持接口的温度和湿度，而且弹性好，固定效果好，但塑料降解慢，影响接口部位的呼吸作用。因此，嫁接一段时间后要解除塑料条和塑料袋。春季嫁接成活后，当接穗长到约 50.0 cm 时，进行解绑。秋季嵌芽接后到第二年春再解绑。

3. 修剪、整形

嫁接后砧木会产生许多萌蘖，消耗大量养分，不利于接穗的成活和生长，因此，要及时抹除砧木树干萌发的芽，确保养分、水分集中用于顶部接穗的愈合生长。入冬后要剪除病、残弱及姿态不好的枝条。注意培养树冠，待接穗萌发展叶后，应控制生长，通过摘心、牵引等措施促进侧枝生长，从而培育成良好的树冠。

4. 肥水管理

嫁接后要及时灌水和施肥。前期追施氮肥，加强水分供应，可以促进接口愈伤组织的形成，促进植株旺盛生长。后期增施磷钾肥，适当减少水分供应，以控制接穗生长，有利于枝条健壮和越冬。

5. 病虫害防治

'聊红'槐嫁接后，主要虫害有国槐尺蠖、朱砂叶螨、槐蚜、小木蠹蛾、锈色粒肩天牛等。防治朱砂叶螨可用三氯杀螨醇 1000 倍液，其他害虫可用氧化乐果、辛硫磷 1000 倍液等防治。高接接口大时，要在接口处涂杀菌剂，如波尔多液等，以防接口腐烂。

6.4 本章小结

本章研究了 '聊红'槐的无性繁殖技术，包括硬枝扦插、组织培养和嫁接。

硬枝扦插繁殖，激素种类、激素浓度、基质、插条部位、插床温度和浸泡方式对生根有显著影响。ABT-1 促进生根效果最好，IBA 次之，NAA 最差；浓度的选择因激素种类不同而异；最佳扦插基质为河沙；中、下部插条生根率较高，以中部插条最高；插床温度提高 8℃，生根率提高了 27.5%；与仅浸泡插条下端相比，用 NAA 500 mg/L 处理插条两端，生根率提高了 34.7%。正交试验表明，各因素对生根率的影响作用大小排序为枝条部位>激素浓度>插床温度>激素种类>基质。最优组合是以河沙作基质，插床温度 18℃，用 ABT-1 300 mg/L 处理中部插条，生根率为 78.9%。

扦插繁殖能够保持亲本的优良性状，繁育周期短，苗木生长快。与嫁接繁殖相比，没有嫁接不亲和现象，不受树种限制，也无需提前培育砧木；与组织培养相比，扦插繁殖操作简便，成本低，推广快。因此，与嫁接和组培繁殖相比，扦插繁殖是应用前景最广阔的无性繁殖方法。本试验研究了影响'聊红'槐硬枝扦插生根率的因素，得出了最优处理组合，生根率较高，为'聊红'槐的硬枝扦插繁殖提供了理论依据和技术支持。

组织培养研究，嫩茎段的灭菌效果以乙醇 20 s，氯化汞 10 min 最好，污染率为 16.7%。叶片的灭菌效果以乙醇 30 s，氯化汞 8 min 最好，死亡率为 6.7%，污染率为 20.0%。诱导嫩茎段侧芽萌发的最佳培养基为 MS + 6-BA 1.0 mg/L + NAA 0.2 mg/L，光照强度 3500~4000 lx，诱导率为 84.2%。叶片初代培养以 MS 为基本培养基，附加 6-BA 3.0 mg/L + IAA 0.1 mg/L，分化率是 86.1%，分化系数为 28.5。最佳增殖培养基为 MS + 6-BA 1.0 mg/L + NAA 0.1 mg/L，增殖系数为 4.6。最佳生根培养基为 1/2MS + IBA 0.3 mg/L，生根率为 46.7%。将组培苗移栽入草炭∶蛭石（1∶1，V/V）中，每 4 天浇灌一次 1/4MS 大量元素，成活率最高，为 86%。

与扦插、嫁接繁殖方式相比，植物组织培养具有取材少，培养材料经济；人为控制培养条件，不受自然条件影响；生长周期短，繁殖率高；管理方便，便于自动化控制的特点。‘聊红’槐的嫩茎段和叶片较易建立高效的不定芽扩增体系，但不定芽生根较为困难，生根率低。因此，要继续研究提高‘聊红’槐试管苗生根率的措施，还要降低生产成本，为‘聊红’槐的真正工厂化育苗提供技术支持。

‘聊红’槐以春季枝接和夏秋季芽接进行嫁接繁殖。春季枝接在 4 月中上旬进行，有劈接和插皮接两种方法。夏秋季芽接在 8~9 月进行，有“T”字形芽接和嵌芽接两种方法。嫁接繁殖是目前‘聊红’槐最主要的繁殖方式，以春季插皮接成活率最高。

与扦插、组织培养相比，嫁接繁殖具有改变树型、提早开花、改善品质的作用，这对于‘聊红’槐来说具有重要的意义：利用嫁接繁殖能使‘聊红’槐提前开花，能根据需要培育不同的树型，突出其红色系花的观赏价值。

6.5 讨　论

6.5.1 影响硬枝扦插生根率的因素

试验中研究的影响‘聊红’槐硬枝扦插生根率的各因素排序为枝条部位>激素浓度>插床温度>激素种类>基质。其中，枝条部位、激素浓度、激素种类和基质 4 个因素容易控制，因此，提高插床温度是提高生根率的关键。在我国北方地区，春季地温上升慢，因此，硬枝扦插繁殖难以在大田中推广。若在温室育苗，除了控制地温外，还应考虑地温和气温差，若空气温度高于插床温度，使得插条芽的生长先于根的生长，就会导致根生长所需的营养物质供应不足，进而降低插条生根率。通常插床温度比空气温度高 2~5℃可获得较好的生根效果。

试验中用 NAA 500 mg/L 处理插条两端，获得了较好的生根效果。两端浸泡法实际上是"抑上促下"的一种方式，如郭建和等（2002）在刺槐的硬枝扦插中采用两次抹芽的措施，提高了成活率。在扦插生根过程中，地上部分的萌芽和地下部分的生根是对立统一的。在扦插初期，地上和地下部分相互竞争插条内的营养物质，但当地上部分萌芽展叶后，又可以向地下部分运送生长素和光合产物，促进不定根的形成。利用高浓度的外源激素处理插条上部，能抑制地上部分萌芽，促进营养物质向插条下部运输，还能改变激素的分布状态，从而促进插条愈伤组织和不定根的形成。使用两端浸泡法时，激素的处理浓度要适宜，浓度过低会促进地上部分萌芽，抑制插条基部生根，过高则可能导致不萌芽，不生根。

在'聊红'槐硬枝扦插生根过程中，相继发现皮层、愈伤组织和新生根的腐烂现象，原因主要有两个方面。一是消毒不彻底，病原菌通过插穗下切口、愈伤组织、根表皮侵入，导致腐烂。应及时消毒插床，药剂选用 50%多菌灵或代森锰锌 1000 倍液。二是基质含水量过大。'聊红'槐硬枝扦插生根过程中，不定根从愈伤组织处产生，因此，愈伤组织的产生是生根的必要条件。扦插初期，基质含水量高有利于愈伤组织的形成，愈伤组织形成后，应适当降低基质含水量，防止愈伤组织腐烂。

6.5.2　叶片不定芽发生的类型

木本植物器官发生的植株再生途径可分为两类：一是先从外植体上诱导出愈伤组织，再从愈伤组织上诱导出不定芽或不定根原基的间接器官发生过程，包括从愈伤组织或悬浮培养的细胞和原生质体再生植株；二是不经过愈伤组织阶段，直接从原始外植体上诱导产生不定芽或不定根的直接器官发生（张法勇等，2005）。在'聊红'槐叶片初代培养的前期，叶片的边缘和与培养基接触的一面形成突起，直接分化形成不定芽。培养后期，随着愈伤组织的形成，不定芽也由愈伤组织分化形成。袁秀云等（2007）认为国槐叶片的器官发生是先产生愈伤组织，然后从愈伤组织中分化出不定芽。王关林等（2005）认为国槐叶片在不同培养基中分化方式不同，可以直接分化不定芽，也可以先形成愈伤组织再分化不定芽。以上研究表明：外植体不定芽的分化方式不是固定不变的，除了受基因型的影响外，还受培养基、激素、培养环境等影响。即使是同一培养条件，不同阶段也可能存在不同的分化方式，可以通过改变培养条件改变外植体分化不定芽的方式。因此，在植物组织培养中，创造培养条件促使外植体直接分化不定芽，这样不仅能够缩短组织培养周期，而且能使组培苗保持亲本的优良性状。

6.5.3 组培难生根的原因分析

植物组织培养中，试管苗的生根受多种因素的影响。如基本培养基的类型，附加激素的种类、浓度和配比，继代培养的次数，壮苗培养，活性炭等。本研究虽然建立了高效的不定芽扩增体系，筛选出了最佳生根培养基，但是生根率较低。生根率低的原因可能是未能筛选出适宜的壮苗培养基来促进不定芽的伸长。在壮苗培养过程中，不定芽伸长缓慢，茎较短，不定芽处于幼嫩状态，转入生根培养基后，难以生根。向培养基中加入赤霉素（0.3~0.5 mg/L）后，可能是因为浓度高而导致了顶芽坏死。袁秀云等（2007）对国槐植株再生的研究表明，MS 附加 6-BA 1.0 mg/L + NAA 0.1 mg/L 较适合国槐不定芽的生长，50 天时苗高约 6.0 cm，但本试验利用此培养基未能促进'聊红'槐不定芽的伸长，可能是由于基因型不同的缘故。筛选出能显著促进不定芽伸长的培养基，促进不定芽健壮生长，是提高'聊红'槐组培苗生根率的关键。

第7章 国槐种子萌发及幼苗生长

目前，'聊红'槐主要以嫁接方式繁殖，通常选择国槐实生苗做砧木。因此，缩短国槐育苗期和培育健壮的国槐实生苗对'聊红'槐的扩繁具有重要的生产指导意义。

木霉是一类广泛分布于土壤、根围和叶际的腐生真菌，属于半知菌亚门从梗孢目木霉属。除了具有生物防治的作用外，木霉还能够促进植物生长。木霉在促进植物生长方面有多种机制。它们能够产生多种生长调节类物质如生长素、赤霉素等，通过这些物质来调节和促进植物的生长；具有溶解部分可溶性或微溶性矿物质的能力，通过螯合或降解金属氧化物，促进植物对矿质元素的吸收，从而促进植物的生长（Altomare et al.，1999）；木霉的代谢产物还能抑制植物病原菌，增强植物的抗病性，从而促进植物的生长（朱双杰和高智谋，2006）。康宁霉素是一种新型的生物制剂，是拟康氏木霉生防菌 SMF2 产生的一类 peptaibols 抗菌肽。罗琰（2010）报道适宜浓度的康宁霉素对拟南芥的生长具有明显的促进作用。本章主要研究了康宁霉素处理对国槐种子发芽及幼苗生长的影响，为康宁霉素在国槐实生苗生产中的应用提供科学依据。

7.1 康宁霉素对国槐种子萌发的影响

7.1.1 试验材料

试验材料为成熟的国槐种子，于 2012 年采集于聊城市冠县国槐苗圃。

7.1.2 研究方法

1. 种子处理

挑选籽粒饱满、大小均一的国槐种子，用 0.1%的次氯酸钠溶液消毒 0.5 h，然后用蒸馏水漂洗 5 遍。用不同浓度的康宁霉素溶液（300 mg/L、30 mg/L、3 mg/L、0.3 mg/L、0.03 mg/L、0.003 mg/L）浸没种子 24 h，以蒸馏水浸种作为对照。每个处理 50 粒种子，重复 3 次。

2. 发芽试验

将处理好的国槐种子分别置入铺有两层滤纸的培养皿（D=12.5 cm）中，置于昼温为（21±1）℃，夜温为（15±1）℃，相对湿度为 70%，光照强度为 2000 lx 的光照培养箱中。以胚根突破种皮 2 mm 作为种子发芽的标准。从第 2 天起，逐日统计种子发芽数，第 10 天测定发芽势，第 14 天作为发芽结束的时间。发芽结束后统计发芽率、发芽势和发芽指数，测定胚根、胚芽的长度。各指标计算公式：

发芽率（G）＝（规定天数内全部发芽种子粒数）/（种子总粒数）×100%；

发芽势 ＝（达到发芽高峰时的种子发芽数）/（种子总粒数）×100%；

发芽指数（GI）＝Σ（G_t/D_t）；

式中，D_t 为发芽日数；G_t 表示在 t 日时的发芽数。

7.1.3　康宁霉素对国槐种子发芽的影响

1. 康宁霉素浸种对国槐种子发芽率的影响

康宁霉素浸种 24 h 后，进行发芽试验，国槐种子的发芽率、发芽势、发芽指数等见表 7-1。结果表明，与对照相比，0.003~30 mg/L 的康宁霉素处理可以促进

表 7-1　康宁霉素处理后的国槐种子的发芽率、发芽势、发芽指数及发霉粒数

康宁霉素/（mg/L）	发芽率/%	发芽势/%	发芽指数	发霉粒数/个
CK	54.0 De	38.7 Cd	3.03 DEd	13.7 Bb
300	40.0 Ef	28.7 De	2.25 Ee	16.3 Aa
30	64.7 BCcd	40.7 Ccd	3.95 CDc	11.7 Bc
3	72.0 Bb	51.3 Bb	5.11 Bb	8.0 Cd
0.3	83.3 Aa	63.3 Aa	6.23 Aa	4.3 Df
0.03	68.0 BCbc	46.7 BCbc	4.43 BCbc	6.3 CDe
0.003	58.7 CDde	42.7 BCcd	3.85 CDc	6.7 Cde

国槐种子的萌发，降低种子发霉数；高浓度（300 mg/L）的康宁霉素处理则抑制了国槐种子的萌发，提高了种子发霉数。各处理相比，0.3 mg/L 康宁霉素处理的国槐种子萌发效果最好，发芽率、发芽势、发芽指数最高，分别为 83.3%、63.3%、6.23，分别比对照提高了 54.3%、63.6%、105.6%，差异极显著。

2. 康宁霉素浸种对国槐种子胚根、胚芽生长的影响

发芽结束后，统计国槐种子的胚根与胚芽的长度，结果如图 7-1 和图 7-2 所示。与对照相比，0.003~3 mg/L 的康宁霉素处理提高了胚根和胚芽的长度，高浓度（300 mg/L）的康宁霉素处理降低了胚根和胚芽的长度。0.3 mg/L 康宁霉素处理的国槐种子的胚根与胚芽最长，分别为 57.8 mm 和 11.9 mm，分别比对照增加了 25.4%和 80.3%。

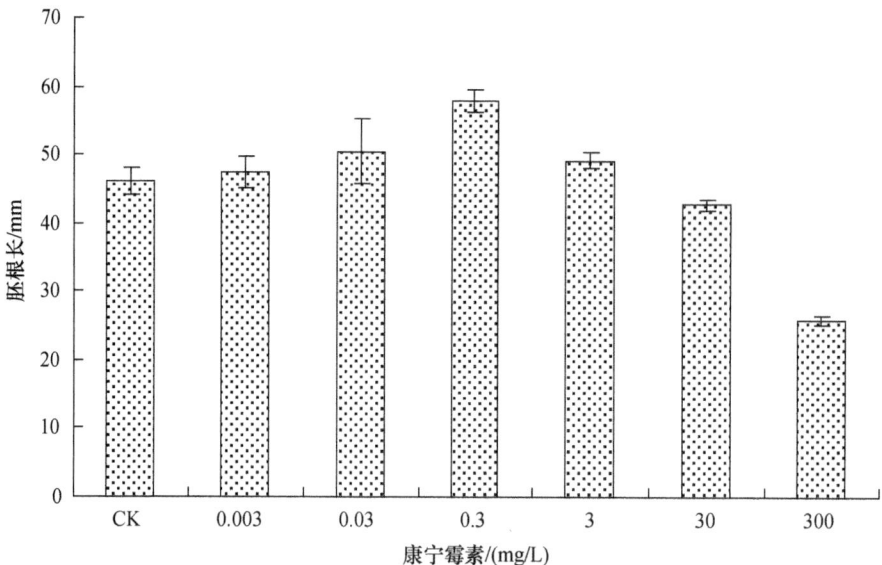

图 7-1　康宁霉素浸种对国槐种子萌发后胚根长度的影响

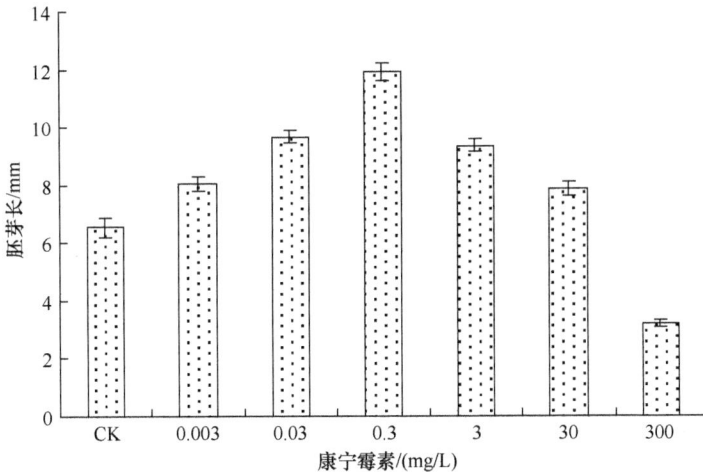

图 7-2　康宁霉素浸种对国槐种子萌发后胚芽长度的影响

7.2　康宁霉素对国槐幼苗生长的影响

7.2.1　试验材料与研究方法

用 0.1%次氯酸钠溶液消毒处理国槐种子 30 min，然后用 40~50℃的温水浸种 24 h。浸种结束后，将其播种于已灭菌的沙土（1：2，V/V）中，置于日温为（27±1）℃，夜温为（22±1）℃，相对湿度为（60±10）%的人工气候培养室中育苗。待到国槐幼苗长至 3~4 片真叶时，进行药剂处理。分别用 300 mg/L、30 mg/L、3 mg/L、0.3 mg/L、0.03 mg/L、0.003 mg/L 康宁霉素，100 mg/L、80 mg/L、60 mg/L、40 mg/L、20 mg/L、10 mg/L 萘乙酸（NAA）喷施处理，每个处理每次施用量为 2 ml，一周处理一次，共处理 4 次。定时浇灌改良的霍格兰氏营养液。最后一次处理结束后两周开始取样，每个处理分别取 10 株，重复 3 次。测定指标和方法如下。

根冠比：取样后用剪刀将样品的地上部分与地下部分分开，做好标记。置于 105℃的烘箱中杀青 30 min，70℃烘干 2 h。待烘干的样品冷却至室温，分别称其干重。计算根冠比（地下部分干重与地上部分干重的比值）。

株高：用直尺测量国槐幼苗的株高。

叶面积：用 STD4800 根系扫描仪扫描国槐幼苗的叶片，并保存图片，然后用 WinRHIZO 根系分析系统（加拿大）进行分析。

根系活力:采用 TTC 法测定国槐幼苗根系的活力。吸取 0.4%TTC 溶液 0.20 ml 移入 10 ml 容量瓶中,加入少量的次硫酸钠粉末,摇匀,溶液立即变成红色,然后用乙酸乙酯定容至刻度,摇匀。分别吸取该溶液 0.25 ml、0.50 ml、1.00 ml、1.50 ml、2.00 ml 移入 10 ml 容量瓶中,加乙酸乙酯定容至刻度,摇匀,得到含三苯基甲(TTF) 25 μg、50 μg、100 μg、150 μg、200 μg 的系列溶液,以乙酸乙酯作参量,在 485 nm 的波长下测定吸光度,并绘制标准曲线。

称取 0.500 g 根尖,放入烧杯中,加入磷酸缓冲液 5.00 ml 和 0.4% TTC 溶液 5.00 ml,充分浸泡根尖,在 37℃的恒温箱下暗保温 2 h,然后加入 1 mol/L 硫酸 2.00 ml 终止反应(空白试验中先加硫酸,再放入根尖,其他操作同上)。取出根尖,用滤纸吸干水分,然后加 4.00 ml 乙酸乙酯和少量石英砂进行研磨,提取 TTF,将红色提取液移入 10 ml 刻度试管中,用少量乙酸乙酯洗涤残渣后,全部移入试管中,最后加乙酸乙酯使总量为 10 ml。静止 2 min,以空白试验作参比,在 485 nm 波长下测定吸光度。查标准曲线可得四氮唑还原量。单位根鲜重的四氮唑还原强度的计算公式:

单位根鲜重的四氮唑还原强度[mg/(g·h)] = 四氮唑还原量/(根鲜重×时间)

7.2.2 康宁霉素对国槐幼苗生长的影响

康宁霉素和 NAA 处理对国槐幼苗根冠比、株高、叶面积和根系活力的影响见表 7-2。结果表明,与对照相比,0.003~30 mg/L 的康宁霉素处理能够提高国槐

表 7-2 药剂处理对国槐幼苗生长的影响

药剂	浓度/(mg/L)	根冠比	株高/mm	叶面积/cm²	根系活力/[mg/(g·h)]
CK	—	0.263	87.7	36.38	0.077
康宁霉素	0.003	0.296	128.5	36.42	0.064
	0.03	0.337	141.3	51.32	0.095
	0.3	0.366	158.8	81.86	0.131
	3	0.331	132.0	55.63	0.088
	30	0.307	111.8	43.91	0.077
	300	0.216	78.5	20.57	0.063
萘乙酸	10	0.332	93.1	20.75	0.090
	20	0.394	116.7	58.82	0.123
	40	0.354	106.9	40.51	0.079
	60	0.317	97.2	33.84	0.069
	80	0.268	78.8	29.14	0.059
	100	0.226	57.3	22.84	0.058

幼苗的根冠比、株高、叶面积和根系活力，但高浓度（300 mg/L）的康宁霉素处理降低了各项指标。康宁霉素处理的最适浓度为 0.3 mg/L，该处理下的国槐幼苗根冠比、株高、叶面积、根系活力分别为 0.366、158.8 mm、81.86 cm^2、0.131 mg/（g·h），分别比对照提高了 39.2%、81.1%、125.0%、70.1%，差异显著（$P<0.05$）。NAA 处理的最适浓度为 20 mg/L，该处理下的国槐幼苗根冠比、株高、叶面积、根系活力分别为 0.394、116.7 mm、58.82 cm^2、0.123 mg/（g·h）。与 0.3 mg/L 康宁霉素处理相比，根冠比和根系活力无显著差异（$P>0.05$），但株高和叶面积显著降低。因此，综合比较，0.3 mg/L 康宁霉素对国槐幼苗生长的促进作用优于 20 mg/L NAA。

7.3　康宁霉素对国槐幼苗根系形态参量的影响

7.3.1　试验材料与研究方法

国槐种子与幼苗的处理、取样方法同 7.2.1。取样后，仔细冲洗幼苗根系，用 STD4800 根系扫描仪扫描根系，并保存图片。然后用 WinRHIZO 根系分析系统分析图片。

7.3.2　康宁霉素对国槐幼苗根系形态参量的影响

表 7-3 为康宁霉素和 NAA 处理对国槐幼苗根系总根长、总投影面积、总表面积、总体积、直径、根尖数和分叉数的影响。结果表明，与对照相比，低浓度的康宁霉素处理提高了国槐幼苗根系各形态参量，但高浓度（300 mg/L）的康宁霉素处理降低了各项指标。康宁霉素处理的最适浓度为 0.3 mg/L，根系总根长、总投影面积、总表面积、总体积、直径、根尖数、分叉数分别为 125.09 cm、9.27 cm^2、28.87 cm^2、0.44 cm^3、1.20 mm、167.7 个、326.0 个，分别比对照提高了 84.4%、203.9%、279.9%、51.7%、64.4%、136.2%、58.3%，差异极显著（$P<0.01$）。NAA 处理的最适浓度为 20 mg/L，根系总根长、总投影面积、总表面积、总体积、直径、根尖数、分叉数分别为 104.63 cm、8.74 cm^2、21.41 cm^2、0.37 cm^3、0.89 mm、116.0 个、285.7 个，各形态参量均低于 0.3 mg/L 康宁霉素处理，说明 0.3 mg/L 康宁霉素对国槐幼苗根系生长的促进作用优于 20 mg/L NAA。

表7-3 药剂处理后的国槐幼苗根系各形态参量

药剂	浓度 /（mg/L）	总根长 /cm	总投影面积 /cm²	总表面积 /cm²	总体积 /cm³	直径 /mm	根尖数 /个	分叉数 /个
CK	—	67.83	3.05	7.60	0.29	0.73	71.0	206.0
康宁霉素	0.003	64.57	4.21	13.18	0.17	0.90	86.0	236.3
	0.03	95.80	6.16	16.26	0.23	0.84	113.3	273.7
	0.3	125.09	9.27	28.87	0.44	1.20	167.7	326.0
	3	92.28	5.71	16.85	0.24	0.97	133.3	284.3
	30	78.81	3.52	10.69	0.17	1.04	94.7	235.0
	300	54.34	2.45	6.40	0.17	0.67	57.0	174.3
萘乙酸	10	72.93	2.94	9.61	0.28	0.65	66.0	160.3
	20	104.63	8.74	21.41	0.37	0.89	116.0	285.7
	40	91.88	5.22	12.30	0.25	0.70	89.3	208.0
	60	78.61	4.86	11.56	0.23	0.62	81.3	167.7
	80	61.47	3.86	8.58	0.19	0.57	73.3	135.0
	100	43.63	3.64	6.48	0.15	0.46	57.0	104.3

对不同处理的国槐幼苗根系进行了 Link-拓扑-发育分析（图7-3）。Link 结构图反应的是根系的分支伸展状况。其中，link1 为 II 型；link2 为 EI 型；link3、link4 为 EE 型；link5 为 IL 型。拓扑结构图中的最大路径即为根系的最大高度，也就是根系在土壤中能达到的最深路径。根系的外部路径长度指的是根系所有走过的路径之和。发育根阶结构为根系发育结构中的根阶分析，根阶是指根系的分级，如主根轴、一级根轴、二级根轴等。根轴数即为所有根轴的总和，反应根系的发育状况，根轴数越多根系分级越明显，根系的生长状况越好。康宁霉素和 NAA 处理对国槐幼苗根系 Link 总数、外部最大路径、外部路径总和和根轴数的影响见表7-4。与对照相比，康宁霉素处理提高了这些指标，最适浓度为 0.3 mg/L。该处理下的国槐幼苗根系的 Link 总数、外部最大路径、外部路径总和、根轴数分别为956.3、49.3、2915.0、449.0，分别是对照的 9.4 倍、1.8 倍、5.7 倍、3.3 倍，差异极显著（$P<0.01$）。NAA 各处理中，20 mg/L NAA 处理的国槐幼苗根系的 Link 总数、外部最大路径、外部路径总和、根轴数最大，分别为 429.0、33.0、1410.0、228.3，极显著地高于对照，但低于 0.3 mg/L 康宁霉素处理。

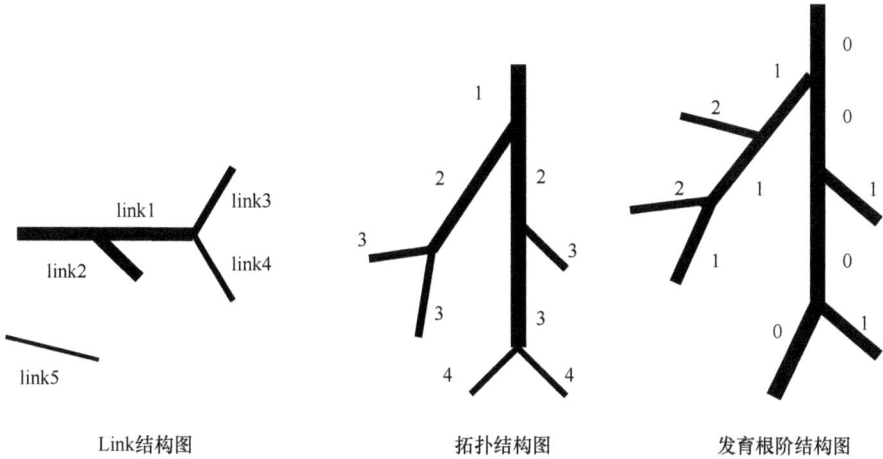

Link结构图	拓扑结构图	发育根阶结构图

图 7-3　国槐幼苗根系Link-拓扑-根阶发育结构图

表 7-4　药剂处理后的国槐幼苗根系Link-拓扑-发育变化

药剂	浓度/ （mg/L）	Link 总数	外部最大路径	外部路径总和	根轴数
CK	—	101.3±10.873 Cc	27.0±1.414 Bc	513.7±51.370 Cc	135.3±2.494Cc
康宁霉素	0.003	350.7±9.843	29.7±1.247	556.0±36.769	216.7±10.338
	0.03	532.7±13.123	29.3±2.055	1130.3±285.956	242.7±13.021
	0.3	956.3±26.132 Aa	49.3±5.436 Aa	2915.0±96.181Aa	449.0±39.149Aa
	3	631.3±14.885	44.7±4.027	1758.0±34.765	328.0±10.231
	30	351.0±9.092	36.3±0.943	1204.0±27.904	246.3±25.952
	300	219.3±7.408	31.0±1.414	639.7±18.803	191.7±13.199
萘乙酸	10	321.0±15.895	23.0±2.160	1099.0±71.531	163.7±8.498
	20	429.0±36.914 Bb	33.0±1.414Bb	1410.0±129.401Bb	228.3±17.461Bb
	40	243.7±18.517	28.0±0.816	720.3±62.082	182.7±6.944
	60	165.0±5.099	28.7±0.471	412.0±62.198	154.7±6.944
	80	166.7±7.408	24.7±1.247	650.7±50.447	148.3±10.498
	100	118.3±16.819	27.7±0.942	255.7±45.382	140.0±10.424

7.4 本 章 小 结

目前，'聊红'槐主要以嫁接方式繁殖，通常选择国槐实生苗做砧木。因此，缩短国槐育苗期和培育健壮的国槐实生苗对'聊红'槐的扩繁具有重要的生产指导意义。康宁霉素是拟康氏木霉生防菌 SMF2 产生的一类 peptaibols 抗菌肽。研究表明适宜浓度的康宁霉素对植物的生长具有明显的促进作用。本章主要研究了康宁霉素处理对国槐种子萌发、幼苗生长及根系形态的影响，为康宁霉素在国槐实生苗生产中的应用提供科学依据。主要研究结果总结如下。

（1）低浓度（0.003~30 mg/L）的康宁霉素处理可以显著提高国槐种子的发芽率、发芽势、发芽指数，促进国槐种子胚根、胚芽的生长。以 0.3 mg/L 康宁霉素处理效果最好，发芽率、发芽势、发芽指数分别为 83.3%、63.3%、6.23，分别比对照提高了 54.3%、63.6%、105.6%；胚根、胚芽长分别为 57.8 mm、11.9 mm，分别比对照增加了 25.4%、80.3%。

（2）与对照相比，低浓度（0.003~30 mg/L）的康宁霉素处理能够提高国槐幼苗的根冠比、株高、叶面积和根系活力。康宁霉素处理的最适浓度为 0.3 mg/L，该处理下的国槐幼苗根冠比、株高、叶面积、根系活力分别为 0.366、158.8 mm、81.86 cm^2、0.131 mg/（g·h），分别比对照提高了 39.2%、81.1%、125.0%、70.1%，差异显著。NAA 处理的最适浓度为 20 mg/L。0.3 mg/L 康宁霉素对国槐幼苗生长的促进作用优于 20 mg/L NAA。

（3）利用 WinRHIZO 根系分析系统分析了康宁霉素处理对国槐幼苗根系形态参量的影响。结果表明，与对照相比，适宜浓度的康宁霉素处理能够提高国槐幼苗根系各形态参量。康宁霉素处理的最适浓度为 0.3 mg/L，根系总根长、总投影面积、总表面积、总体积、直径、根尖数、分叉数分别为 125.09 cm、9.27 cm^2、28.87 cm^2、0.44 cm^3、1.20 mm、167.7 个、326.0 个，分别比对照提高了 84.4%、203.9%、279.9%、51.7%、64.4%、136.2%、58.3%，差异极显著。对不同处理的国槐幼苗根系进行了 Link-拓扑-发育分析。结果表明，与对照相比，康宁霉素处理提高了这些指标，最适浓度为 0.3 mg/L。该处理下的根系的 Link 总数、外部最大路径、外部路径总和、根轴数分别为 956.3、49.3、2915.0、449.0，分别是对照的 9.4 倍、1.8 倍、5.7 倍、3.3 倍，差异极显著。0.3 mg/L 康宁霉素对国槐幼苗根系生长发育的促进作用优于 NAA 的最适处理（20 mg/L）。

参 考 文 献

陈旭辉, 江莎, 李一帆, 等. 2006. 连翘花芽分化及发育的初步研究. 园艺学报, 33（2）: 426-428.

高新一. 2005. 果树嫁接新技术. 北京: 金盾出版社.

郭建和, 徐萍, 王春雷, 等. 2002. 刺槐硬枝扦插抹芽促生根. 林业实用技术,（3）: 28.

韩亚东, 于长文, 刘雪峰. 2007. 京桃春季物候期与气温之间的关系. 安徽农业科学, 35（15）: 4517-4518.

郝岗平, 杜希华, 史仁玖. 2007. 干旱胁迫下外源一氧化氮促进银杏可溶性糖、脯氨酸和次生代谢产物的合成. 植物生理与分子生物学学报, 33（6）: 499-506.

兰昌云, 周崇松, 范必威, 等. 2005. 超声波法提取槐花中黄酮的最佳工艺研究. 天然产物研究与开发, 17（1）: 55-58.

李崇晖, 王亮生, 舒庆艳, 等. 2008. 迎红杜鹃花色素组成及花色在开花过程中的变化. 园艺学报, 35（7）: 1023-1030.

李合生, 孙群, 赵世杰, 等. 2000. 植物生理生化实验原理和技术. 北京: 高等教育出版社.

李鹤, 刘国成, 邱学思. 2008. 温室栽培杏花芽分化观察. 北方果树,（2）: 14-16.

李守丽, 石雷, 张金政. 2006. 大百合与百合属间授粉后花粉管生长发育的观察. 园艺学报, 33（6）: 1259-1262.

李智辉, 王新颖, 李天来, 等. 2008. 新铁炮百合花芽分化及发育的研究. 沈阳农业大学学报, 39（2）: 228-230.

罗琰. 2010. 康宁霉素抗烟草花叶病毒活性及其调控拟南芥根系生长的机制. 山东大学博士学位论文.

潘瑞炽, 王小菁, 李娘辉. 2012. 植物生理学（第七版）. 北京: 高等教育出版社.

邱延昌, 张秀省, 黄勇, 等. 2008. 国槐新品种'聊红'槐. 林业科学, 44（5）: 10.

唐桂梅, 姜卫兵. 2006. 论槐树家族及其在园林绿化中的应用. 安徽农业科学, 34（18）: 4577-4579.

王福青, 王铭伦. 2000. 花生花芽分化的形态解剖学研究. 中国油料作物学报, 22（2）: 41-44.

王关林, 刘秀梅, 方宏筠, 等. 2005. 蝶形花亚科 8 种槐树的组织培养及再生能力的基因型效应. 园艺学报, 32（5）: 844-848.

王景华, 唐于平, 楼凤昌, 等. 2002. 槐角化学成分与药理作用. 国外医药. 植物药分册, 17（2）: 58-60.

王玲. 2007. 园林树木学实验指导. 哈尔滨: 东北林业大学出版社.

许鸿川. 2003. 植物学实验技术. 北京: 中国林业出版社.

原贵生, 薛皎亮, 谢映平. 1997. 国槐对城市空气硫污染物的吸收与净化作用研究. 林业科技通讯,（2）: 25-26.

袁秀云, 张仙云, 马杰, 等. 2007. 国槐植株再生技术研究. 安徽农业科学, 35（35）: 11418–11419.

张法勇, 刘向东, 高秀丽, 等. 2005. 木本植物组织培养器官发生植株再生研究进展. 河北林果研究, 20 (3): 234-238.

张秀丽, 李劲涛, 杨军. 2006. 植物花色素苷定性定量研究方法. 西华师范大学学报, 27 (3): 300-303.

赵燕, 侯桂玲, 张秀省, 等. 2007. 国槐及其变种、变型花粉形态的比较研究. 聊城大学学报, 20 (1): 53-54.

朱双杰, 高智谋. 2006. 木霉对植物的促生作用及其机制. 菌物研究, (3): 107-111.

朱先波, 任小林, 刘砚璞. 2009. NO 对马铃薯保鲜的影响. 西北农业学报, 18 (2): 237-240.

卓丽环, 陈龙清. 2004. 园林树木学. 北京: 中国农业出版社.

祖元刚, 王菲, 马书容, 等. 2006. 长春花生活史型研究. 北京: 科学出版社.

Altomare C, Norvell W A, Bjrkman T, et al. 1999. Solubilization of phosphates and micronutrients by the plant growth promoting and biocontrol fungus *Trichoderma harzianum* Rifai 1295-22. Applied and Environmental Microbiology, 65 (7): 2926-2933.

González G, Alzueta C, Barro C, et al. 1988. Yield and composition of protein concentrate, press cake, green juice and solubles concentrate from wet fractionation of *Sophora japonica* L. foliage. Animal Feed Science and Technology, 20 (3): 177-188.

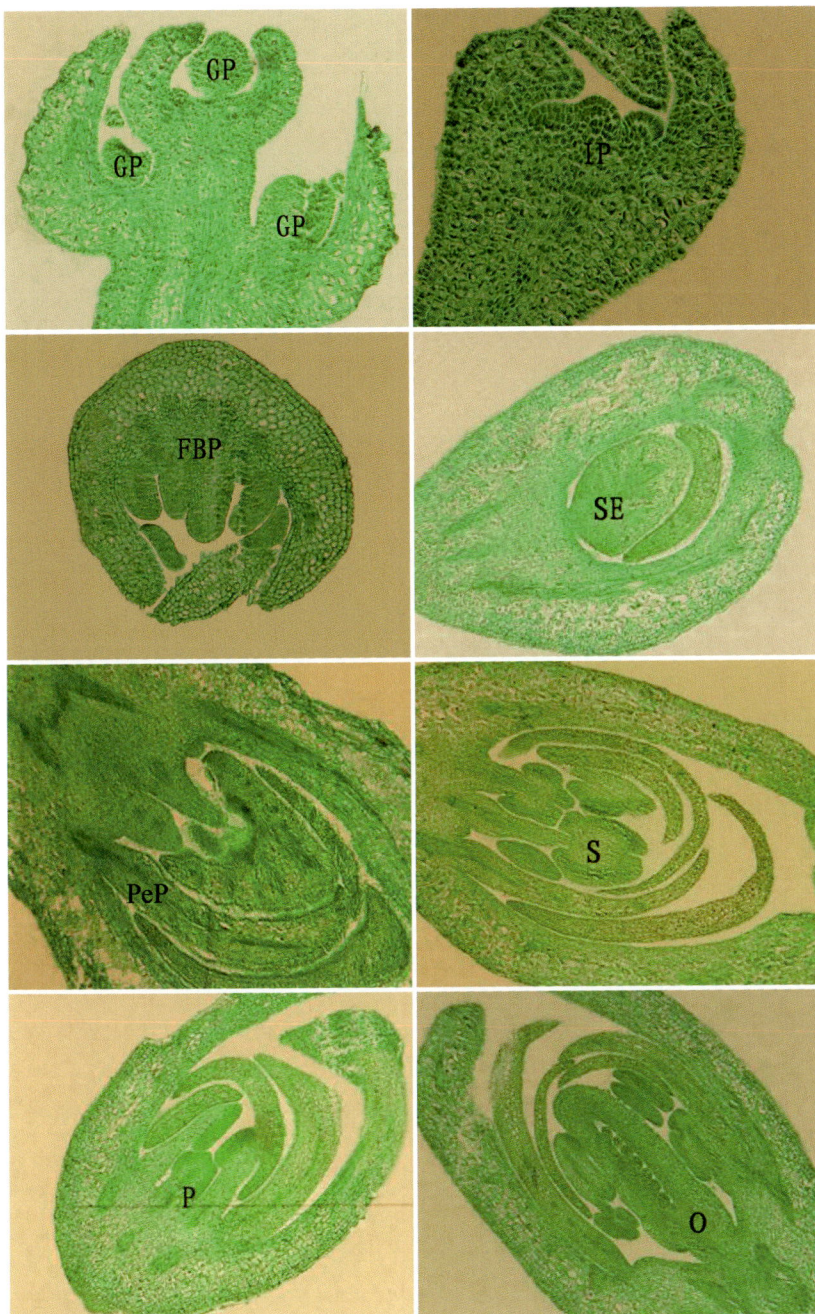

'聊红'槐花芽分化过程

GP. 生长锥；IP. 花序原基；FBP. 小花原基；SE. 萼片原基；

PeP. 花瓣原基；S. 雄蕊；P 雌蕊；O. 胚珠

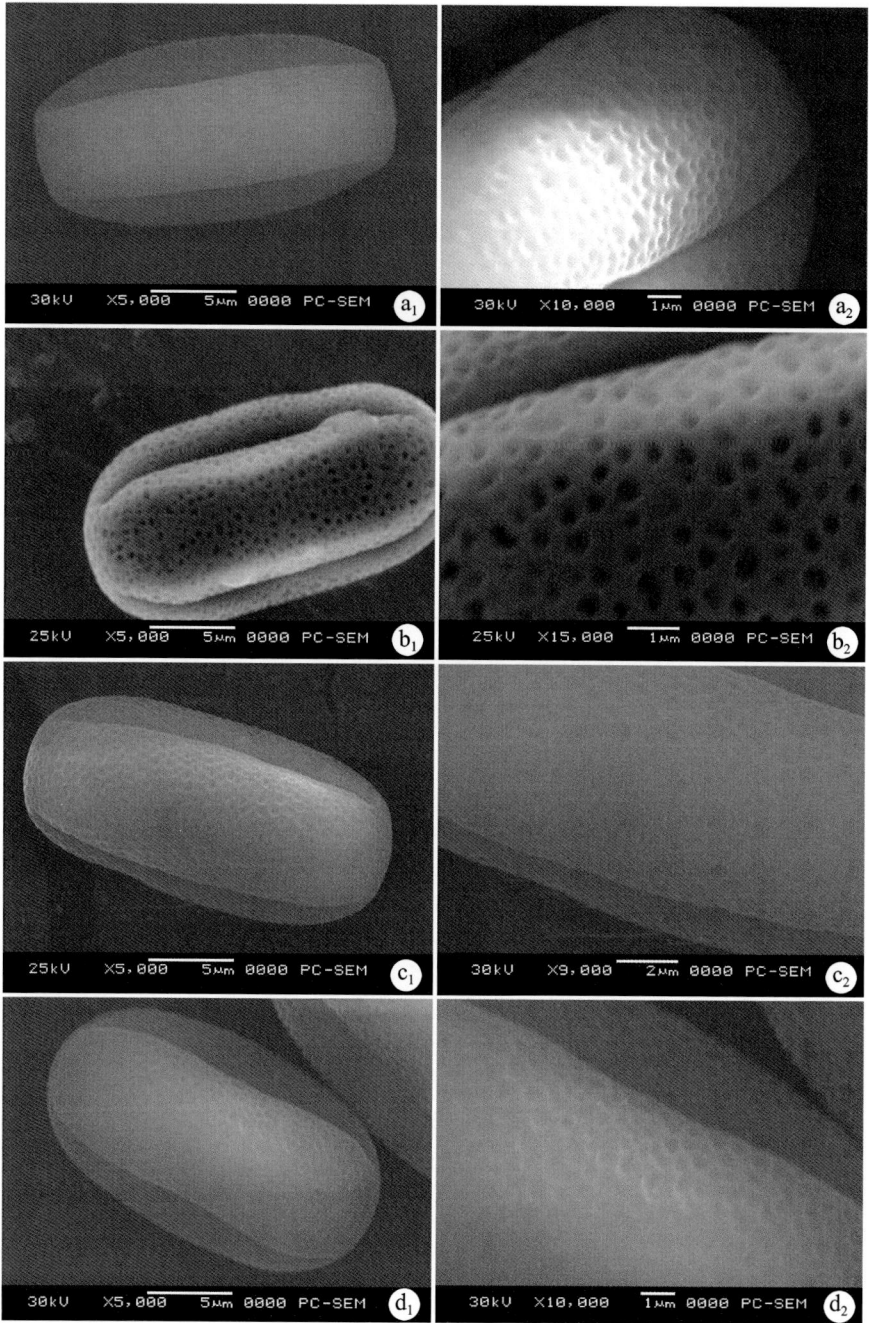

国槐及其变种、变型花粉形态的比较

a₁. 国槐赤道面观；a₂. a₁ 放大 10 000 倍；b₁. '聊红'槐赤道面观；b₂. b₁ 放大 15 000 倍；
c₁. 龙爪槐赤道面观；c₂. c₁ 放大 10 000 倍；d₁. 五叶槐赤道面观；d₂. d₁ 放大 10 000 倍

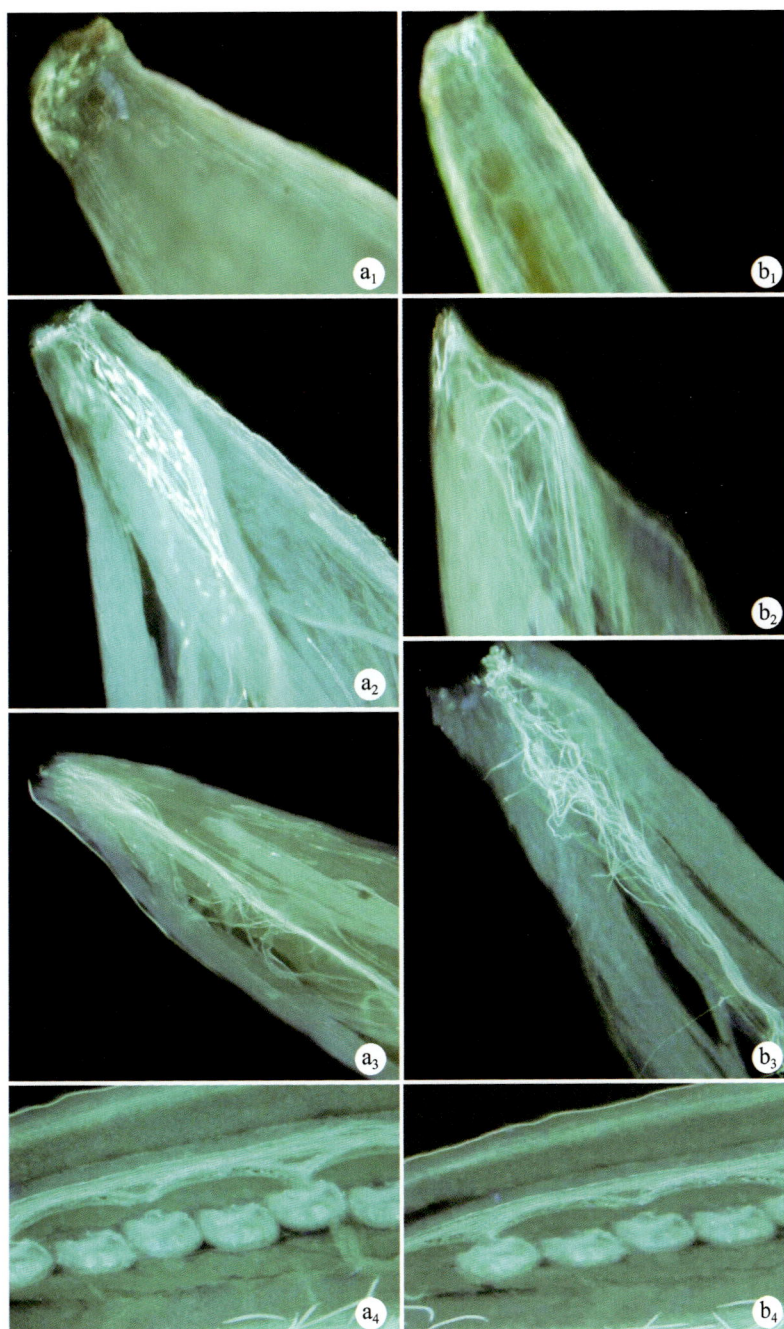

国槐、'聊红'槐花粉管生长荧光显微观察

$a_1 \sim a_4$. 国槐花粉管生长过程；$b_1 \sim b_4$. '聊红'槐花粉管生长过程

'聊红'槐扦插与组织培养繁殖

a.插条的愈伤组织(右)和不定根(左);b.嫩茎段腋芽诱导;c.叶片不定芽的分化;

d.增殖培养;e.生根诱导;f.组培苗移栽